翡翠鉴藏全书

《翡翠鉴藏全书》编委会 编写

北京希望电子出版社
Beijing Hope Electronic Press
www.bhp.com.cn

内 容 简 介

本书以独立专题的方式对翡翠的起源和发展、收藏与鉴赏的相关基础知识、时代特征、鉴赏要点、收藏技巧、保养知识等进行了详细的介绍。本书内容丰富，图片精美，具有较强的科普性、可读性和实用性。全书共分八章：第一章，认识翡翠；第二章，翡翠的颜色鉴赏；第三章，翡翠的种、地和水头；第四章，翡翠的价值因素；第五章，翡翠的鉴别要素；第六章，翡翠的投资技巧；第七章，翡翠的购买技巧；第八章，翡翠的保养常识和技巧。本书适合翡翠收藏爱好者、拍卖业从业人员阅读和收藏，也是各类图书馆的配备首选。

图书在版编目（CIP）数据

翡翠鉴藏全书 / 《翡翠鉴藏全书》编委会编写. —
北京：北京希望电子出版社，2023.3
ISBN 978-7-83002-379-9

Ⅰ.①翡… Ⅱ.①翡… Ⅲ.①翡翠－鉴赏－中国②翡
翠－收藏－中国 Ⅳ.①TS933.21②G262.3

中国国家版本馆CIP数据核字(2023)第019742号

出版：北京希望电子出版社　　　　　　　封面：袁　野
地址：北京市海淀区中关村大街22号　　　编辑：全　卫
　　　中科大厦A座10层　　　　　　　　校对：安　源
邮编：100190　　　　　　　　　　　　　开本：710mm×1000mm　1/16
网址：www.bhp.com.cn　　　　　　　　　印张：14
电话：010-82626270　　　　　　　　　　字数：259千字
传真：010-62543892　　　　　　　　　　印刷：河北文盛印刷有限公司
经销：各地新华书店　　　　　　　　　　版次：2023年3月1版1次印刷

定价：98.00元

编 委 会

（按姓氏拼音顺序排列）

目录

第三章

翡翠的种、地和水头

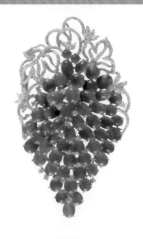

第八章

翡翠的保养常识和技巧

第一章

认识翡翠

△ **翡翠手镯**

直径58毫米

此对手镯为老种糯地春带彩翡翠，质地细腻柔美，翠色鲜艳；打磨规整，成双成对，适合佩戴与收藏。

△ **翡翠扳指　清代**

高28毫米

一 翡翠与 中国玉文化

1 | 翡翠的文化内涵

翡翠是许多人喜爱的玉石品种之一，它光泽鲜艳、美丽动人。与其他玉石一起在中国历史的长河中构成了独特的风景；它并非仅仅是一种美丽的石头，在人们的心目中，它是一种神秘的信仰和寄托，还带有强烈的政治、经济色彩。在翡翠的身上，深深地烙下了社会政治、经济、文化发展的印痕。翡翠的文化内涵主要体现在以下几个方面。

△ **翡翠如意弥勒**

89毫米×90毫米×71毫米

（1）思想道德

儒家思想的道德哲学可概括为仁、义、智、勇、洁。其意义契合玉的物理性质："玉乃石之美者；有五德。润泽以温，仁也。鳃理自外可以知中，义也。其声舒扬远闻，智也。不折不挠，勇也。锐廉而不悦，洁也。"

由此可知，中国人对玉的理解和对玉之美的理解与对人的道德品质的追求是完全相通的。玉的品质就是人的道德、人格。发展到后来的"宁为玉碎，不为瓦全"的崇高牺牲精神，即是以玉的纯洁高尚为喻。

（2）传统文化

中国古人对玉的认识，首先是从古人对大自然的神奇力量的不可捉摸到作为神来膜拜、祭祀，进而转变为传统文化观念的，认为神灵的玉能够给予人们力量和智慧，并能庇佑人生的平安。所以，玉器就有了祭礼、护佑、护宅、护身等用途，形成了独特的玉文化观。例如，祭礼中的玉大体有璧、琮、圭、璋、琥和璜等。

玉器文化中独特的佛神文化是玉器传统文化的重要组成部分。

△ **冰种翡翠观音挂件**
高45毫米

△ **冰种翡翠弥勒佛挂件**
高50毫米

◁ **翡翠达摩像　清代**
高135毫米

以老坑翡翠为材，立体圆雕。达摩为半跏趺坐姿，呈冥想状。双手按膝支头，须发螺髻，双耳垂肩，左衽，体形消瘦，深目高鼻，为典型的印度僧人形象。

△ 俏雕翡翠狮子印章

50毫米×17毫米×13毫米

（3）政治、经济

玉器中蕴含的政治、经济思想始自阶级的出现，具有鲜明的象征地位等级、政令、战争、财富等特点。中国人对玉器的地位等级的理解非常精辟，以不同的形器划分了人的政治地位。

清朝，因官位不同，佩戴的朝珠也各有区别，就是这一思想的延续与发展。

△ 翡翠狮纽印章

45毫米×45毫米×104毫米

狮子四肢踞卧，富有动感；口衔灵芝与蝙蝠，寿桃点缀其间，寓意吉祥。其上伏一螭龙，戏一翠珠。印章四周饰以兽面纹，更显古朴端庄。

2 ｜翡翠的名称

（1）翡翠的名称起源

在古代中国，"翡翠"原本是一种鸟的名称，其羽毛颜色极为美丽，主要有蓝、红、绿、棕等颜色。通常情况下，雄鸟为红色，被称为"翡"；雌鸟为绿色，被称为"翠"。唐代著名诗人陈子昂在《感遇》一诗中这样描述道："翡翠巢南海，雌雄珠树林。何知美人意，娇爱比黄金。杀身炎州里，委羽玉堂阴。旖旎光首饰，葳蕤烂锦衾。岂不在遐远，虞罗忽见寻。多材信为累，嗟息此珍禽。"大意是说：翡翠鸟在南海之滨筑巢，雌雄成双成对栖息于丛林中；用美丽的翠羽制成的首饰光彩夺目，以翠羽装饰的被褥也是鲜艳夺目。诗人赞美翡翠鸟是一种非常漂亮的动物，其羽毛可做首饰。

△ **双串翡翠珠子项链（182颗）**

珠直径6.5毫米～8毫米

到了清代，翡翠鸟的羽毛作为饰品传入宫廷，特别是绿色的翠羽深受嫔妃的喜爱。与此同时，大量的缅甸玉通过进贡的形式进入皇宫，受到嫔妃们追捧。因为其颜色也多为绿色、红色，且与翡翠鸟的羽毛颜色差不多，所以人们把这些缅甸玉叫作翡翠，渐渐在中国民间日益流传开来。此后，"翡翠"一词就由鸟禽名转为玉石的名称了。

（2）翡翠的发现

据《缅甸史》记载，1215年，勐拱人珊尤帕受封为土司。相传他渡勐拱河时，偶然间在沙滩上发现了一块形状像鼓一样的玉石，他非常高兴，认为是个好兆头，于是立即决定在这附近修筑城池，并称作"勐拱"，意指鼓城。后来，这块玉石一直作为传世珍宝被历代土司保存下来。此处也成了后来翡翠玉石的开采福地。

关于翡翠的发现，还有一种说法是源于中国云南。据英国人伯琅氏著书记载：勐拱所产的玉石，其实是13世纪时中国云南的一位驮夫发现的。相传，那时的云南商贩沿着已有2000余年历史的西南丝绸之路与缅甸、印度（天竺）等国进行交易。一次，在交易过程中，有一位云南驮夫为了让马驮两边的重量相等，在返回腾冲（或保山）的途中，在今缅甸的勐拱地区随手从地上拾起一块石头放在马驮上。等到回家后一看，原来途中捡得的石头是翠绿色的，好像是一块玉石，经过初步打磨，碧绿可人。后来，驮夫又多次到出产这种石头的地方捡回很多石头，拿到腾冲加工。此事传开后，吸引了更多的云南人去寻找绿石头，然后加工成成品，经过滇粤运往京沪等地。这种绿色的石头就是后来人们所说的翡翠。

△ **翡翠博古挂牌　清代**

长44毫米

　　冰糯种，声音清脆悦耳，双面雕刻；饰有行龙，环绕牌子两侧，呈"双龙戏珠"图案。一面雕刻博古纹，伴有寿桃、灵芝等吉祥之物；另一面饰荷花与鲶鱼，鲶鱼从水中跃出，有"年年有余"之寓意。

二
玉石之王—翡翠

　　翡翠，一直以来都是东方民族珍爱的玉石珍品。它凭借艳丽的色彩、美丽的光泽、晶莹剔透的滋润感，在数不胜数的玉石家族中被冠以"玉石之王"的美誉。此外，它还在宝石家族中与钻石、红宝石、祖母绿一起被人称作"四大名宝"，在东方的地位非常高。

　　翡翠的英文名称为jadeite，源于西班牙语pridra deyiade，原意是指佩戴在腰部的宝石。在我国，翡翠是继软玉之后极受人们喜爱的玉石品种之一。人们赋予它很多神奇的文化内涵，逐渐形成了中华民族源远流长的玉石文化。

　　目前，全世界的等地翡翠产地极少，只分布地缅甸、日本、美国和俄罗斯等地；可作为宝石级的翡翠原料更是少之又少，仅产于缅甸北部。

　　翡翠，原称"硬玉"，是相对于软玉而言的，它具有比软玉稍高一点的硬度。但如今"硬玉"一词在使用上较为混乱。有人也常常把组成

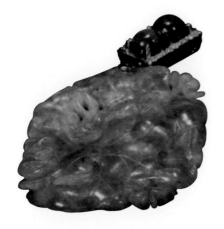

◁ **翡翠荷叶牌　清代**

长52毫米

　　细糯种，色油青，采用圆雕技法，布局得当。呈现了夏天荷塘荷叶繁茂碧绿之景象。荷叶边内卷，荷花隐约现于荷叶之中；一只蝙蝠从荷叶间飞过，风动荷叶轻摆，蛙鸣声似在耳边。

翡翠的主要矿物——钠铝辉石（$NaAlSi_2O_6$）叫作硬玉。钠铝辉石是钠和铝的硅酸盐类矿物，属辉石族矿物单斜晶系。晶体呈短柱状、纤维状，独立晶体非常少见，大多呈现致密的微晶质或细晶质的集合体。有玻璃光泽，颜色通常为乳白色、微绿色或微蓝色；如果有微量铬混入其晶格，其颜色可变为绿色—艳绿色；如果含铁，就会使颜色变暗。

一般情况下，翡翠中钠铝辉石的含量不低于90％，大多非常细小，只有在放大镜或显微镜下才能看到纤维状或柱粒状晶体交织，形成外观致密、坚韧细腻的质地。除钠铝辉石外，翡翠中也会含有少量杂质。这些杂质的存在和结集，会构成有损玉质的瑕疵和恶绺。

钠铝辉石是翡翠的主要成分，一般具有半透明—微透明的质感和玻璃—油脂光泽，主要为乳白、浅绿到翠绿色，也有淡黄、淡褐、棕红及淡紫色。其中，绿色的叫作"翠"，黄红色的叫作"翡"，淡紫色的叫作"春"，白色或极浅的绿色叫作"地"，这些都统称为"翡翠"。它们的平均折射率为1.65～1.68，相对密度3.33左右，摩氏硬度6.5～7.0，具有非常好的韧性。

在自然界，翡翠的产出状态有两种：一种是原生的，即直接产于山岩中，被人们称为山料。由于山料未经自然界的反复筛选，它的品质通常较差，含杂质较多。另一种是次生的，即它是山中的原生岩石（山料）由于长期遭受风化侵蚀而被剥离下来，并被流水冲运到山下低洼处的河谷、阶地中沉积下来。因为这类材料大多都经过不断的冲带、搬运，一些质地较软的杂质多被磨蚀，最后留下了品质较好的玉石料，因此，这种被称为"水料"的玉石原料通常优于山料，并且它们都能够成为独立的一块，表面有因受到风化和外界的污染而形成

△ 翡翠摆件

的皮。一块翡翠原石料，若按其物质组成的差异，大致可分为四个部分。

1 | 最外层的皮壳

这一层仅见于水料，山料通常没有皮。皮壳可分为黑色、褐色、黄色、灰色等。它是翡翠原石受风化作用影响及外界物质污染的结果。皮壳的厚度和颜色随风化作用的程度及原石本身的质地而不同。

2 | 翡

翡是紧邻皮壳的次外层，仅见于水料。翡也是翡翠原石受风化作用影响的结果，是含铁矿物氧化后形成的氧化铁渗染于翡翠的产物。随铁的氧化程

△ **翡翠项链　清代**

总长度465毫米

△ **翡翠螭龙纹水丞　清代**

宽90毫米

度不同，翡的颜色也会出现黄、棕、赭、红等变化，其厚度既受制于氧化程度，也受制于原石的颗粒粗细和裂隙发育程度。从宝石学的角度看，翡的价值仅次于翠。

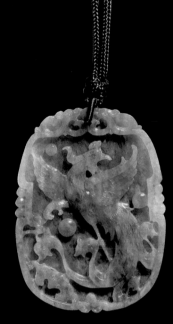

△ **翡翠挂件（一对）**

3 ｜ 地

地是翡翠原石的主体，通常呈乳白至微绿色，有时也会夹杂有浅紫色的"春"。

4 ｜ 翠

翠是翡翠原石的精华，通常呈现条带状、脉状、斑杂状、团块状等形式，有的夹杂有暗绿或黑色的斑点。翡翠中翠含量的多少是评价翡翠原石价值高低的最重要依据。人们据此将翡翠料石分为三档：其一，色料，即整块料以"翠"为主（每千克售价几万元至上百万元）；其二，花牌料，整块料以"地"为主，夹杂有一定量的"翠"（每千克售价几千元至上万元）；其三，砖头料，几乎全部由"地"组成（每千克售价几百元至上千元）。

翡翠原石通常有皮，对于其内部含翠量究竟有多少，翠的品质究竟如何，一般不容易准确作出判断，加之在市场上还出现了大量的用各种手法作假的料石，因此翡翠行里有"神仙难断寸玉"的说法。导致购买这种料石的风险很大。因此，购买翡翠原石也常被人们戏称为"赌石"。

三
翡翠的属性

1 ｜ 翡翠的岩石学属性

（1）翡翠的矿物学特征

翡翠主要是硬玉矿物的集合体。硬玉是一种单斜辉石亚族的矿物，属链状结构的硅酸盐，理想化学式为$NaALSi_2O_6$，其中Na_2O占15.4％，AL_2O_3占25.2％，SiO_2占59.4％。硬玉为单斜晶系，自形晶体不多见，常呈粒状集合体或纤维状集合体。

硬玉通常为无色、白色、浅绿或苹果绿色，有玻璃光泽，透明。

（2）翡翠的岩石学特征

翡翠实际上是一种致密块状、高硬度、坚韧度极高，以硬玉为主的矿物集合体。翡翠中硬玉的含量高达99％时，大多会呈现白色。而绿色的翡翠则一般含较多的透辉石（$CaMgSi_2O_6$）。此外，有些翡翠还含有钙铁辉石、霓石、铬铁尖晶石和钠长石等。

△ 三阳开泰牌

41毫米×10毫米×63毫米

△ **翡翠雕象耳活环瓶**

高320毫米

△ **翡翠四足龙纹方炉**

高140毫米

翡翠的化学成分主要是Na_2O、AL_2O_3和SiO_2。但因有其他矿物质的存在，常含有一些其他的成分，如MgO、Fe_2O_3、CaO、TiO_2等。研究表明，翡翠中的Fe_2O_3、FeO、TiO_2对翡翠的颜色影响较大。此外，翡翠中还含有极少量的Cr_2O_3，正是由于Cr离子的存在，才使翡翠具有高档的翠绿色。因此可以这样说，有Cr致色的翡翠，通常才算得上真正的高档翡翠。

翡翠是由硬玉矿物组成的。在显微镜下观察，硬玉一般以细粒或纤维交织结构出现，颗粒粒度通常在0.1～0.5毫米。依据粗细程度，可以把它分为微细粒结构、细粒结构、粗粒结构。通常来说，前两者质量较高，透明度较好，后者质量较差，透明度差。将它们放置在10倍放大镜下观察，微细粒结构看不见颗粒，而后两者仅凭肉眼就能看到颗粒的存在。在同一翡翠的不同部位，经常能够看到颗粒粗细不匀，甚至三种结构特征同时存在的情况。上等翡翠常会呈现纤维状的颗粒形态，质量稍次的翡翠则往往呈现粒状结构；而大多数翡翠是粒状与纤维状结构同时存在，这就是人们通常所说的变斑晶交织结构。在翡翠的成品或抛光面上，这两种不同颗粒形态以及不同排列方式很容易出现斑晶与周围纤维的交织，这是鉴定翡翠的非常重要的一个特征。

△ **翡翠手镯**

直径57.5毫米

2 | 翡翠的美学价值

翡翠的美学价值主要体现在以下几方面。

(1) 色彩美

在宝石中，翡翠的颜色可以称得上是最全的了，除常见的绿色、红色外，还有紫罗兰、青、黄、白和黑色。

△ **翡翠巧雕人物高士图山子 清代**

◁ **翡翠巧雕仕女像 清代**

此仕女立像造型优美，由翡翠圆雕而成。翡翠色泽淡雅优美，质地柔腻凝润。仕女翩翩起舞，头部微前倾，头挽高髻，发髻以头圈约束，插簪带饰，发丝梳理得一丝不苟。面容俊秀温婉，柳叶弯眉，细长双眼，眼睑低垂，鼻梁细长高挺，耳垂丰满。上身着宽袖低领长衫，衣边饰刻划纹，下身穿曳地长裙，衣纹飘逸流畅，如仙女般翩翩起舞。此像除雕琢工艺精湛外，其点睛之处还在于两手之中的俏色部位。此翡翠绿色最为鲜艳夺目之处为阳绿色。可见雕刻工艺之高超，乃清代翡翠雕刻之精品。

△ **翡翠螭龙笔洗　清代**

47毫米×135毫米

以缅甸老坑翡翠整雕而成。笔洗成椭圆
形，平口卧足，口沿有福云如意纹；一螭龙盘在
水洗外壁，螭龙龙首兽身，身形充满张力。此器
包浆自然，打磨抛光精细。

（2）造型美

翡翠的造型美，不仅能够使翡翠升
值，还融入了几千年中华文明的文化内
涵，常以花鸟鱼虫、福禄寿禧等来表达对
未来生活的向往以及美好的愿望。造型美
给人们带来美好、快乐的感受。

▷ **翡翠执扇仕女摆件**

高315毫米

（3）材质美

翡翠的材质很美，无论何种色彩、何种水头，皆不失温润亮丽。人们可根据需要做出各种美丽独特的艺术品。

（4）稀少美

翡翠在世界上非常稀少，而且随着时间的流逝会越来越少。奇货可居，稀少造就了翡翠之美。

（5）含蓄美

翡翠的含蓄韵致是世界上任何性质的宝玉石都无法比拟的，翡翠的含蓄表露出一种只有东方人才有的情感。它那冰莹含蓄的光泽，不轻狂、不浮华、不偏执，深沉而厚重，是中国人所赞美和追求的品质。这也正是中国人喜爱翡翠的原因之一。

（6）神秘美

翡翠的色配上似透非透的水，给人一种神秘感，令人看不透、摸不准，令人浮想联翩。翡翠表达出中华文化的深邃。

△ 双色翡翠"一路连科"把件

58毫米×79毫米

△ 金猴脱壳手把件

60毫米×60毫米×28毫米

◁ 紫罗兰"喜上加喜"摆件

320毫米×200毫米

四
翡翠图案的寓意

1 ｜ 什么是吉祥图案

　　吉祥图案，指的是以谐音、象征等手法，构成具有一定吉祥寓意的装饰纹样。吉祥图案的起源可上溯至商周，发展于唐宋，明清时期达到鼎盛。明清时期几乎到了图必有意、意必吉祥的程度。

2 ｜ 翡翠吉祥图案的寓意

　　翡翠吉祥图案所要表达的含意有四种，即富、贵、寿、喜。

　　富，表示财产富足，包括丰收。

　　贵，象征权力、功名。

　　寿，可保平安，有"延年"的寓意。

　　喜，与友情、婚姻、多子多孙等有关。

　　作为中国传统文化的重要组成部分，吉祥图案已成为民族文化认知和民族精神的标志之一。吉祥图案的题材非常广泛，蜂鸟虫鱼、花草树石、飞禽走兽，无不入画。

△ **翡翠镂雕梅花盖瓶　清代**

△ **翡翠带钩　清代**

220毫米×90毫米

　　冰糯种，色油青，声音清脆悦耳。钩身为一螭龙，圆眼翘唇，鬃发自然垂落，呈回首状，表情慈爱地看着身上趴着的小螭龙。小螭龙周身缠绕灵芝，昂首望着大龙，似在交流。有"母子情深""望子成龙"之寓意。抛光精细，包浆自然，是陈设把玩的佳品。

3 | 翡翠图案的表现手法

翡翠吉祥图案，是运用花鸟、走兽、人物、器物等和一些吉祥文字，以神话故事及民间传说等作为背景，通过谐音、借喻、比拟、象征、双关等表现手法，构成"一句吉祥一图案"的表达形式，赋予消灾免难、求吉呈祥之寓意，寄托着人们追求喜庆、幸福、长寿的美好愿望。

（1）谐音法

利用某事物的读音和某种吉祥用字，或用同词同音或近音，来表达吉祥寓意。如"蝠"通"福"，"戟"通"吉"，"象"通"祥"等。

（2）借喻法

直接借事物来比喻，也就是说借助有寓意的事物来比喻吉祥。如鸳鸯比喻夫妻恩爱，松树比喻长寿，翡翠雕刻中的元宝钱比喻富有，等等。

（3）比拟法

有拟人与拟物两种手法。即可将人比作美好的事物，或者是用美好的事物去拟人。例如，以梅兰竹菊来比喻人的高风亮节，以南极仙翁或者麻姑献寿表示长寿，以牧童来表示天下太平，等等。

◁ **翡翠观音立像**

（4）象征法

借助于特定的事物，通过联想，将主观意识寄托于客观事物，使特定事物显现出抽象的意蕴。例如玉雕中的牡丹象征富贵。

（5）变形法

直接将吉祥用语变成图案。如"寿""福""万字不断头"等；或将"囍"拉长为长"双喜"，比喻新婚欢喜、天长地久。

△ **高冰如意佛**

37毫米×43毫米×10毫米

△ **辈辈封侯**

46毫米×10毫米×53毫米

此件翡翠质地温润，生动刻画了两只猴子嬉戏的形象，雕刻精细，猴毛纤细毕现。该作品寓意辈辈封侯、吉祥美好。

▷ **翡翠仕女雕件**

高约252毫米

4 | 翡翠图案的种类

翡翠吉祥图案的种类主要包括以下几种。

生肖：中华文明特有的文化，主要以子鼠、丑牛、寅虎、卯兔、辰龙、巳蛇、午马、未羊、申猴、酉鸡、戌狗、亥猪这十二种生肖属相来寓意人生。在翡翠饰品中主要表现形式是玉佩。

福禄寿喜：反映了人们希望过上幸福生活、希望长寿、希望事业有成的美好愿望。在翡翠玉器中则多刻有荷叶、鱼、龙门、蝙蝠、铜钱、葫芦、寿桃、仙鹤、龙凤、灵芝草等图案来表达此种意愿。

传统文化：通常表现为观音、佛像等佛教文化的内容。但也能够见到基督教的十字架、道教的八卦图及阴阳鱼等。

君子佩玉：雕刻有冬梅、青松、翠竹的玉器。"松竹梅"被誉为岁寒三友，用以借指君子的高风亮节。

△ **翡翠"踏雪寻梅"把件**

△ **翡翠龙纹杯　清乾隆时期**

高100毫米

△ **翡翠观音挂件**

第二章

翡翠的颜色鉴赏

一 翡翠颜色的要点

△ **翡翠手镯（一对）**

直径59毫米

翡翠的评价主要依据颜色，结合质地和透明度来综合评判。优质翡翠的标准可总结为"浓、阳、正、和、俏"五个字。

优质翡翠浓、阳、正、和、俏，即纯、艳、深、满、鲜。劣质翡翠则主要是邪、阴、老、淡、花。

△ **翡翠手镯**

直径55.5毫米

△ **翡翠雕龙首活环香炉　清代**

高180毫米

△ 满绿翡翠手镯

△ **翡翠盖炉　清代**
高110毫米

1 ｜ "浓"是指颜色的饱和度

　　"浓"，指颜色深，颜色集中，颜色不淡。

△ **天然翡翠玉珠项链**

2 | "阳"是指颜色明亮的程度

"阳"，指颜色艳丽、明快、透亮、光泽强。鲜亮度是构成翡翠颜色美感最重要的因素，翡翠的颜色越鲜亮，价值也就越高。

3 | "正"是指颜色的纯正程度

"正"，指颜色纯正，不偏色，无邪色和杂质。在没有其他颜色的情况下，纯绿色是纯正度最高的颜色，在其他条件相等的情况下，纯绿色是最美的绿色，价值也是最高的。

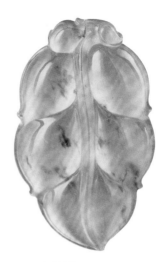

△ 冰飘兰花
45毫米×28毫米×9毫米

◁ 阳绿玻璃种观音
73毫米×47毫米×14毫米

4 | "和"是指翡翠颜色分布的均匀程度

　　翡翠是由无数微小晶体组成的，所以颜色很难均匀。不均匀是翡翠颜色的特点，翡翠的均匀度越高，含绿色越多，价值也就越高。

△ **冰种翡翠观音佩**

63毫米×32.5毫米×8毫米

▽ **天然翡翠玉珠项链**

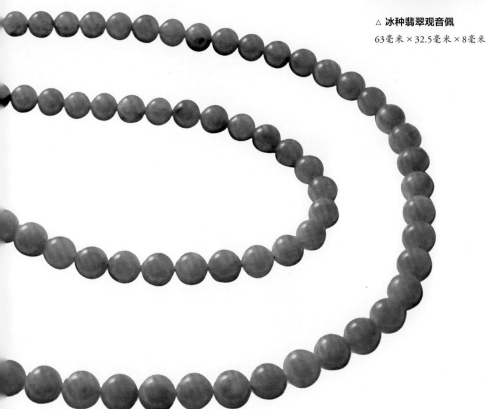

△ **翡翠珠子项链**
珠子直径为13.5～15毫米，珠链总长度大约为470毫米

▷ **翡翠项链**

▽ **翡翠童婚对镯**
直径51毫米

5 | "俏"是指绿色均匀柔和

"俏",指颜色鲜,鲜嫩。即翡翠的质地
细嫩而通体透彻,光泽晶莹凝重而不老。

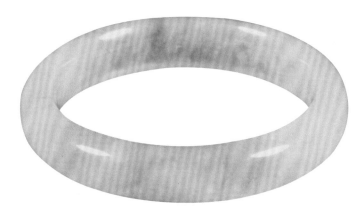

△ **翡翠手镯**

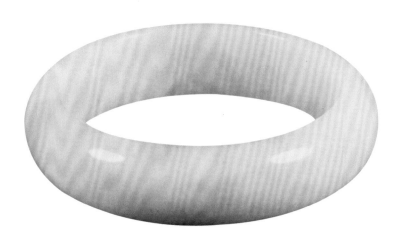

△ **翡翠手镯**

二
决定翡翠价值的
关键是颜色

△ **翡翠雕凤纹双耳瓶**
高84毫米

对于翡翠来说，颜色的好坏是决定其价值和用途的重要因素。颜色好的标准是颜色正、纯、浓。玉器行业通常把翡翠的颜色分为本色、旺色、俏色、杂色、地子色、其他色、脏色等。

本色：又叫基本色，是指那些最能代表翡翠的色彩。一般说来，翡翠有红、翠绿、藕粉、油青绿色等多种颜色。

旺色：通常是指本色中颜色最好、最典型的部位。因为翡翠的颜色并非均匀分布，在一块翡翠料上总是有些部位的颜色要好一些。因此，行内人士常用"旺色"或"色旺"来描述这种情况。但是旺色要出现在一件玉器的正面，如出现在侧面或背面，则是一件失败的作品。

△ **翡翠鱼饰件**
高40毫米

俏色：俏色的真正含义是"巧用色"，一般是巧用其他色，使本色更加突出。在一件作品中，如果通过设计使本色和其他色相得益彰，就会使玉器身价百倍。因而，玉雕极为注重"俏色巧作"的技艺。

杂色：指在翡翠生成时混入其他物质而形成的颜色。这些颜色虽然客观存在，但并不代表该种玉石的本质。杂色表明翡翠料的质地不够纯净，档次较差。当然，杂色也包括"脏色"——也就是那些必须在制作过程中去除干净的颜色。

△ **翡翠仿古花件**

33毫米×8毫米×54毫米

　　质地通透，翠质黄色犹如沁色，更显古韵十足。该花件为中国古代玉璧（"肉倍于好谓之璧"）之变形，璧边缘雕一战国螭龙，厚重古朴，工艺精湛，极巧妙地将中国悠久的玉文化融于方寸之间。

△ **翡翠原石**

600毫米×1100毫米×550毫米，重约500千克

　　地子色：指某一块翡翠料上，面积最大的"本色"，但不包括旺色和俏色，民间也将之称作"地张"，绿色存在部位的质地可以看作是一种特殊情况下的地子。地子不仅能够反映底色和结构特征，还可以反映出翡翠的干净程度和透明度，即水与色彩之间的协调程度。地子的颜色有白色、油青、紫色、淡绿和花绿等。地子色有时也被叫作"晴"，如玻璃水带春晴，玻璃水带蓝晴等。好的翡翠地子应细腻均匀，透明度高，才能把绿色衬托得更为美丽娇艳。

　　其他色：在制作过程中形成的一个概念。它通常只对一块具体的翡翠料而言。如一块以藕粉色为地子，含有白花和黑点的翡翠料，尽管白色也算是翡翠的"本色"之一，但在该料上面积太小，人们因此也往往把黑点和白花称为"其他色"。

　　脏色：指特别难看的颜色。脏色的确认，以是否妨碍"本色"展示美感为先决条件，但不能把某一种色看成是脏色。如高绿的翠中经常有一些黑色的小点，这些小黑点就是脏色。在制作时，要将它们去尽才行。

▷ **翡翠手镯**

直径85毫米

三
翡翠颜色的种类

翡翠在自然界的颜色众多，有绿色、黄色、蓝色、红色、紫色、白色和黑色等，以绿色为上品。影响翡翠颜色的因素是由于不同的矿物组合以及铬、铁、钴等致色离子在翡翠中的含量的高低。每种颜色又由于色调、浓度和相互间的不同搭配，使之成为世界上颜色最丰富多彩的一种玉石，被誉为"玉石之王"。

1 | 绿色

也称"翠"色，是翡翠中商业价值最高的颜色。由于其不同的色调、浓度、均匀度以及透明度，翡翠所呈现的绿色品种繁多，变化无穷。民间有"三十六水、七十二豆、一百零八蓝"的说法，可见翡翠的绿色变化多端。而珠宝界则依据"浓、阳、俏、正、和"及"淡、阴、老、邪、花"这十字口诀来评价翡翠的绿色。"浓"就是绿色饱满、厚重而不带黑色；"淡"是指绿色浅，色力弱。"阳"是指颜色鲜艳、大方、明亮；"阴"是指绿色昏暗，无光彩。"俏"是指绿色均匀、柔和，能与"底""水"相互协调；"花"是指绿色呈点状、峰状、块状等不均匀分布。

翡翠绿色的俗名众多，而且形象通俗。归纳起来主要有以下几种。

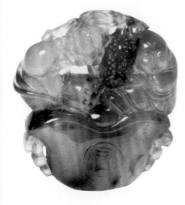

△ 冰种翡翠挂件

53.6毫米×49.6毫米×14.8毫米

△ **翡翠飘花手镯**

直径57毫米

△ **冰种紫罗兰手镯**

直径57毫米

△ **翡翠手镯**

直径60毫米

按色调的"正"与"偏"可以分为以下几类。

正绿。也被称为"宝石绿"，是一种不含其他偏色的翠绿色，绿色纯正，色泽鲜艳，分布均匀，质地细腻，包括祖母绿、翠绿、苹果绿和秧苗绿等四种颜色，其中祖母绿和翠绿色泽最为浓艳、纯正，而且祖母绿的色饱和度（即绿色的浓度）比翠绿还要高一些；苹果绿和秧苗绿在明亮的浓绿色中稍微带一点黄味，仍属正色，苹果绿的色饱和度较秧苗绿高。正绿是翡翠中的最佳品种。

偏黄绿。色调中等、绿色中稍带一点黄色。

黄阳绿：微透明或半透明，翠色鲜阳，微黄而明亮，就如初春的黄阳树新叶。

葱心绿：如葱心一样娇嫩的绿色，稍带黄色色调。

鹦哥绿：微透明或半透明，绿色娇艳如鹦哥的羽毛。

豆绿：微透明或不透明，好似绿豆色，在翡翠绿色中最常见，有"十绿九豆"的说法。玉质较粗，档次不高。带青色者，又常常被叫作"豆青"或"淡豆"。

偏蓝绿：色调偏暗，绿色中稍带些蓝色。

蓝水绿：透明至半透明，绿色浓而偏蓝，内部纯净少瑕，玉质细腻，地和水融为一体，乃高档品。

菠菜绿：半透明，绿色中深，带蓝灰色调，如菠菜绿色，稍欠鲜艳。

瓜皮绿：半透明或不透明，色不够纯正，绿中闪青，如西瓜皮的颜色，有时呈墨绿色，色不匀。

蓝绿：绿中明显带蓝，绿色暗而不鲜明。

见绿油青：半透明，带较深的蓝色调，在灯光照射下方显绿色。

△ 苹果绿花开富贵吊坠

灰黑绿：色调发暗，绿色中央带灰黑色，大多档次不高。

墨绿：半透明或不透明，色浓重，偏蓝黑色但显协调，其中质地纯净者为翡翠中之佳品。

油青：透明度较好，绿色较暗，颜色不够纯正，掺杂蓝灰色调，显得较为沉闷。玉质细幼，玻璃光泽，但表面好像带有油性，故又名"油绿"。颜色有的由浅至深，色深者称"瓜皮油青"，色浅者称为"鲜油青"。属翡翠中的中低档品种。

蛤蟆绿：半透明或不透明，颜色不够纯正，带蓝色或灰黑色调，质地中可见到棉柳出现。

灰绿：透明度较差，绿中带灰，颜色中到浅，分布均匀。

按绿色的浓艳程度可分为以下几类。

艳绿：透明或半透明，绿色纯正、均匀，色浓艳、偏深时称作老艳绿，是名贵品种。

阳俏绿：绿色鲜阳明快，恰似一汪绿水，色正且嫩，非常招人喜爱。

浅阳绿：微透明或半透明，绿色浅淡而鲜明，纯正，看起来很漂亮。

◁ 翡翠手镯
直径63毫米

△ **白地青种翡翠手镯**
直径60毫米

浅水绿：绿色淡而均匀，稍欠鲜艳，透明度较好。

按绿色的形状及均匀程度分类。

满绿：通体均匀的满绿色。

雾状绿：深浅不匀的全绿色。

梅花绿：绿色不均匀，呈粒状、斑点状分布，故又称作"点之花"或"满天星"。

带状绿：也叫"带子绿"，绿色呈峰带状。

金丝绿：透明度好，绿色浓正，呈丝状断断续续平行排列。玉质温润、柔嫩，给人温文尔雅之感。内部棉绺、瑕疵较少，是高档品。

花青绿：绿色的形状不规则，分布也不均匀，颜色深浅不一，质地有粗有细。底色为淡绿色或无色，透明度差时绿色显得呆板。常伴有白色的棉绺出现，是中低档品种。

疙瘩绿：绿色大小不等，呈互不相连的团块状分布。

按颜色与质地及透明度的关系可以分为以下几类。

玻璃绿：如玻璃般明亮透明，绿色鲜艳明快，与地子浑然一体，更显匀滑娇艳。

干疤绿：绿色好，但不透明，绿色和地子不能相互映照，少"灵气"。

白底青：玉质细腻，洁白像雪，透明度差。绿色呈不规则的团块状或斑点状。绿、白分明，多用于制作雕件和挂牌等。

△ **翡翠钻石项链**

16.5毫米×13毫米×380毫米

△ **白底青种翡翠小葫芦坠**

39.5毫米×18毫米×7毫米

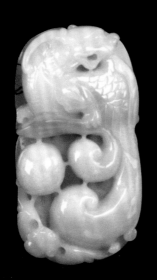

△ 春带彩龙珠把件

73毫米×39毫米×23毫米

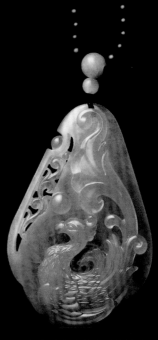

△ 冰种翡翠吉祥飞舞欢喜凤坠

54毫米×34毫米×5毫米

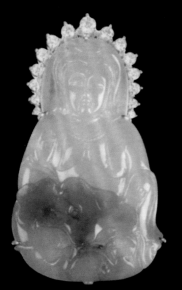

△ 翡翠白金镶钻观音挂坠

高59毫米

△ 冰种翡翠白金镶钻弥勒挂坠

高34毫米

2 | 红色和黄色

　　一般称作"翡"色，大多分布在风化表层之下，或沿翡翠原石裂隙分布。天然质好色好的红翡玉可遇而不可求。最好的红色称"鸡冠红"，色泽亮丽鲜艳，玉质细腻通透，为红翡中的上品。

　　日常见到的红翡多为棕红色或暗红色，厚实但欠通透，质地偏粗，杂质也多，价值不高，红翡大多可在雕件中作俏色雕琢，有时与翠色和紫罗兰色共存在同一块玉石中，被称作"福禄寿"或"桃园三结义"，由它制成的翡翠手镯等饰品也很招人喜爱，若"水"好质佳，则价格很贵。

△ **红翡观音牌**
74毫米×39毫米

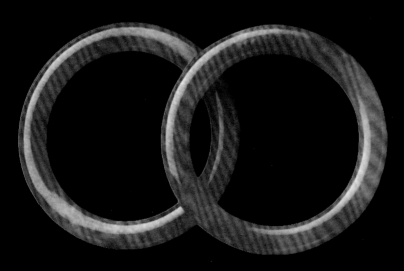

△ **翡翠手镯（一对）**

黄翡比红翡贴近表皮，由褐铁矿浸染为主而形成"黄雾"。多数黄翡混浊不纯，常带褐色，不够通透明亮。通常将黄色翡翠加热形成深红或鲜红色调的红翡。天然优质的黄翡也被叫作"金翡翠"，呈橘黄色或蜜糖色，晶莹透亮，色鲜又匀，属黄翡之上品，难得一见。

△ **黄翡绿翠心形龙牌**

59毫米×57毫米×9.5毫米

△ **黄翡牌**

57毫米×29毫米

△ **翡翠手镯（一对）**

直径54.5毫米

△ **紫翡翠手镯（一对）**

直径70毫米

3 ┃ 紫色

又称作"青色"，一般较淡，如紫罗兰花的颜色，因此也有人叫它"紫罗兰色"。根据紫色的色调不同，可分为粉紫、茄紫和蓝紫三种。

（1）粉紫

紫色中稍微带有一些粉色，质地比较细腻半透明，内部棉绺较多。在被作为底色使用时，常被叫作"藕粉底"。

（2）茄紫

紫色中带有茄子一样的绛红色，质地粗糙，肉眼能看见内部的矿物颗粒。透明度较差，内部有大量棉绺。

△ **紫色翡翠特大蛋面镶玫瑰金钻石吊坠**

27毫米×24毫米

△ **薄荷翡翠手镯（一对）**

直径65毫米

△ **翡翠手镯**

直径58毫米

△ **翡翠手镯**

直径57毫米

　　此手镯形制规整，白地青种翡翠为材，翠色自然，质量上乘，做工精美细致，十分漂亮。

△ **紫罗兰种翡翠壶**

62毫米×30毫米

　　此壶造型精美，紫罗兰种种地上乘，色泽自然，工艺大方，十分珍贵。

（3）蓝紫

　　紫色中带蓝，质地粗糙，几乎不透明。往往混有淡褐色或白色的棉，档次较低。春色较淡，而且大多不通透，很少用作戒指面，常用于大型雕件或小挂件，若同一块玉料中同时存在淡紫色和浅绿色，则常被人们称作"春带彩"，是做雕件难得的好材料。色浓艳，玉质细腻，透明度高的紫罗兰玉世间很难见到，价值非常高昂，极受欧美人士的喜爱。

　　观察春色翡翠时应注意避免黄光，因为黄光会加深紫色的色调。

　　翡翠颜色的价值，以"浓、阳、正、和"的绿色为贵，在国际市场上享有"东方瑰宝"的美誉。春色和翡色被用作巧色雕琢时，会让雕件栩栩如生，充满魅力，如果能与翠色相伴则身价倍增。蓝色的存在会降低绿色的鲜阳度，白色和灰色价值不高，而黑色或棕色的存在给人一种昏暗肮脏的感觉，因此会降低翡翠原有的价值。

▷ **紫罗兰色翡翠珠链**

（12～15.5）毫米×450毫米

四
翡翠绿色的种类

翡翠绿色的品级如下。

1 | 祖母绿（艳绿）

极均匀，不浓、不淡，艳润亮丽。

2 | 玻璃绿

如玻璃般明亮透明，绿色鲜艳明快，与地子浑然一体，更显匀滑娇艳。

3 | 秧苗绿

在明亮的浓绿色中稍微带一点黄色，仍属正色。

4 | 艳绿

透明或半透明，绿色纯正、均匀，色浓艳，偏深时称作老艳绿，是名贵品种。

5 | 金丝绿

透明度好，绿色浓正，呈丝状断断续续平行排列。玉质温润、柔嫩，给人温文尔雅之感。内部棉绺、瑕疵较少，是高档品。

6 | 苹果绿（鲜绿）

均匀的整体上有浓的条带，斑块、斑点，整体不浓、不淡、艳润亮丽。

7 | 葱心绿（黄绿）

如葱心一样娇嫩的绿色，稍带黄色。

8 | 菠菜绿

半透明，绿色中深，带蓝灰色，如菠菜绿色，稍欠鲜艳。

9 | 油绿

油绿又名"油青"。透明度较好，绿色较暗，颜色不够纯正，掺杂蓝灰色，显得较为沉闷。玉质细幼，玻璃光泽，但表面好像带有油性，故名"油绿"。

10 | 灰绿

透明度较差，绿中带灰，颜色中到浅，分布均匀。

▷ **油青种福寿挂件**
高40毫米
此挂件优美漂亮，油青种，翠色自然，雕有福寿纹，工艺细腻。

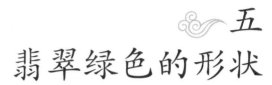

五
翡翠绿色的形状

1 | 带子绿

　　绿色如带子的称"带子绿"，条带可宽可窄，可薄可厚，可浓可淡。浓带子绿称"硬带子"，淡带子绿称"软带子"。绿带与地子之间的界线不明显，呈相间的侵染称花带子。绿带呈几条断续平行线走向，或隐或现，如飘散的云烟称散带子。带子绿虽然表现的形式不同，有进有出，但方向明确，易于辨认。

2 | 团块绿

　　绿色大小不等，呈互不相连的团块状分布。又称"疙瘩绿"。有的很小，如点，称"点子"；有的很大，称"疙瘩绿"。疙瘩绿有两重性。它的浓和淡，被称为"软硬绿"，如"疙瘩硬绿"，"疙瘩软绿"。

△ **团块绿弥勒佛**

▷ **翡翠珠子项链**

珠子直径9.8～13.3毫米，链长600毫米

整条单串翡翠珠链共有45颗满绿翡翠圆珠，每颗珠子翠色均匀，质地细腻，玻璃光泽，配白K金镶嵌钻石链扣。

3 | 丝絮绿

如丝絮，有丝状、丝片状、丝块状。按绿的软硬分硬丝绿和软丝绿。有丝绿很浓艳，密度又大，有团块的效果，是优等绿。丝絮绿和带条绿一样，在翡翠中易于出现，也容易辨认。

△ **丝絮绿**

◁ **丝絮绿**

4 | 均匀绿

　　绿色均匀分布，这种绿多是颜色浅淡的地子绿，很少见有绿深色较好，至少等于地子的质地，这种料多出在新坑或者新老坑。

△ 均匀绿

△ 均匀绿

◁ 均匀绿

5 | 靠皮绿

　　靠皮绿也称"串皮绿""膏药绿"，是翡翠原石中绿色的一种表现形式，因其绿色以卧性特征生长在翡翠的表皮部位而得名。是翡翠原石投资活动中最具有风险的一种绿色。

△ 靠皮绿

六
鉴定翡翠的基础

看色，是鉴定翡翠的基础。

色，是指翠绿色。通常说的"翡"是红色的，不能称为"色"。绿色在翡翠中变化很大，色正、色偏、色浓、色淡，区别很大。色正、色匀、浓淡适宜者，价格就高，具有保值性和升值空间。

对待高绿（特别艳丽）或满绿的作品一定要特别慎重，因为如果是真货，其价位就极高，一般的价格是不可能出售的。带有少量的绿头而色泽较明亮鲜艳的即为好，其价位比较适中。

看颜色是否纯正、浓艳、均匀，还要用聚光手电筒检查是否有隐藏的杂色。收藏以颜色浓艳、纯正、均匀，杂质微小者为佳。

翡翠中翠绿色具有较高的价位，其次为红色、紫色。绿色中又以鲜嫩、略带黄色调的秧苗绿为最佳，其次为宝石绿、江水绿、油绿，均以绿分布均匀者为好。

△ 满绿弥勒佛

48毫米×15毫米×50毫米

△ 翡翠冰种花篮件品

高55毫米

七

绿色的变化

一般而言，翡翠的绿色会发生变化，会越戴越绿，会越戴越亮。

翡翠的主要成分是硬玉，纯净的硬玉是没有颜色的，而我们平时看到的翡翠之所以色彩斑斓，主要是由于硬玉中含有少量其他物质才导致的，其中绿色是因为含有少量的铬。

人体的汗液中，水分占99%，另外还有1%的固体物。固体物中主要是氯化钠，还有少量的氯化钾和尿素等，根据人们体质的不同，pH值从4.2至7.5。这些成分能够从翡翠毛细的裂纹中渗入内部，并与铬离子缓慢地产生化学反应或是将已固结在翡翠中的铬离子溶解从而产生迁移，这样一来，就显得翡翠的颜色部分扩大了。

人体除了会出汗外，皮肤腺还会分泌油脂，久而久之，这些油脂渗入到翡翠的微裂隙中，就会使翡翠看起来更加通透，通过内反射作用，翡翠无色的部分就会映衬了绿色，所以，翡翠就会越戴越绿，越戴越亮。翡翠颜色变化的时间因人的体质、因翡翠的材质而异，佩戴人的油脂分泌比较旺盛，种水较好的翡翠，可能在短短的几个月的时间就会开始发生变化，而有些人，可能即使佩戴数年也不会发生变化。

翡翠越戴越漂亮，人们在感官上的需求得到满足，精神情绪也就好了，此即俗语所说的"人养玉、玉养人"的效果。

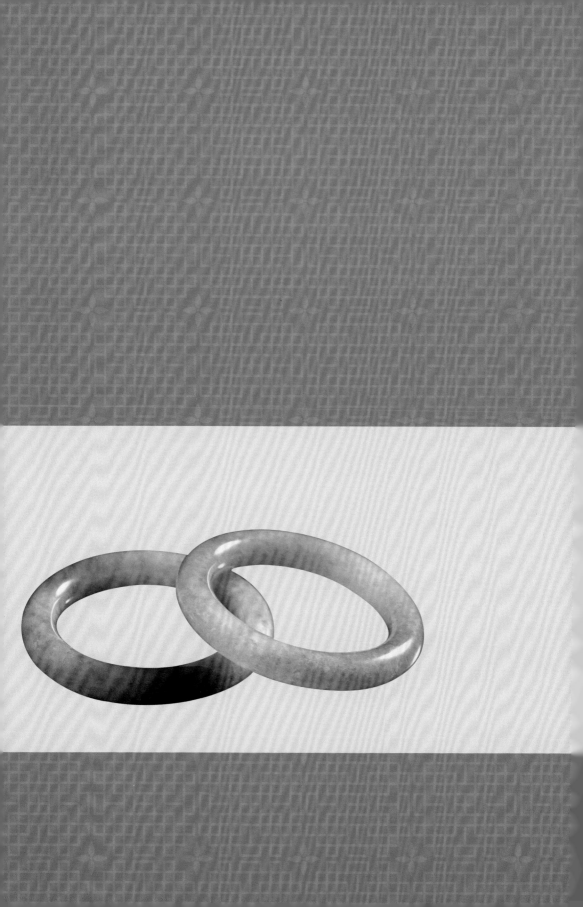

第三章

翡翠的种、地和水头

一
什么是翡翠的种

"种"，又叫"种分"，是评价翡翠优劣的一种商业术语。"种"，即品种的简称，是以质地、透明度为主，并参考绿色，作为划分翡翠品种的标准。

通常情况下，人们把质地和透明度相似的一类翡翠原料归纳为"老种""新种"和"老新种"三大类，在每一类中又各有典型的品种。"种"的划分，是翡翠质量评估的过程，也是对翡翠做出的价值评估。

人们通常将翡翠中优质的一类归为"老种"，把较差的一类归为"新种"，把介于两者之间的称作"老新种"。

老种：通常是指结构致密、绿色纯正、分布均匀、质地细腻、透明度好、硬度大的一类翡翠。老种翡翠一般又分为三种：玻璃地、冰地和藕粉地（糯花地）。

△ 新坑翡翠

新种：指玉质疏松、透明度差、晶体颗粒较粗、肉眼能见翠性的翡翠，有豆地、瓷白地、灰地和黑地。

老新种：介于上述二者之间，有豆地、瓷白地、灰地和黑地。

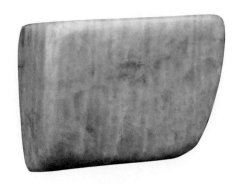

△ 新坑翡翠

需要指出的是，"种"的"老""旧"和"新"，并不能说明翡翠料形成时间的早晚或开采时间的早晚。

懂得欣赏翡翠的人，十分重视"种"好的翡翠。还有人将"种"看得比颜色还重要，所以有"外行看色，内行看种"的说法。行内还有句话叫"种好遮三丑"，意即"种好"的翡翠，可使颜色浅的翠色显得晶莹漂亮，可使绿色不均的翡翠显得色泽均匀，可使质地不够细的翡翠显得质地细腻。因而有经验的行家都极为注重翡翠"种"的优劣。翡翠原料，特别是做手镯的原料，不怕没有色，就怕没有"种"。

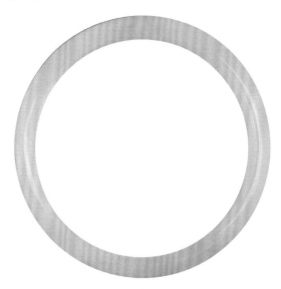

△ **翡翠手镯**
直径55毫米

二 种的类别和特征

△ **玻璃种翡翠嫦娥奔月佩**
56毫米×30毫米

1 | 玻璃种

特点是完全透明，具有玻璃光泽，无杂质或其他包裹物，结构细腻，韧性很强，如玻璃一样均匀，没有石花、没有棉柳，甚至没有萝卜花，透明见底；看起来显得十分鲜艳、纯正、色浓、有荧光；即使是厚1厘米的"种"也通透晶莹，如水晶一般。

玻璃种翡翠的质地和老坑种翡翠较易区别，二者的质地相同，但老坑种有色。玻璃种没色。因为没有色，因此玻璃种翡翠的透明度稍好。较好一点的玻璃种翡翠在光的照射下会"荧光"闪烁，非常美丽高雅，因而深受白领女士的青睐。

▷ **玻璃种翡翠观音挂坠**

2 | 老坑种

特点为质地细腻、纯净无瑕。鉴别时若仅凭肉眼极难见到"翠性"。老坑种翡翠的颜色为纯正、明亮、浓郁、均匀的翠绿色；透明度非常好，一般具有玻璃光泽，在光的照射下呈半透明—透明状。

△ **红宝石镶老坑种翡翠套件**

耳钉：翡翠20毫米×15毫米，钻石162颗，红宝石60颗

翡翠为老种糯地，通灵润透，设计精巧，配镶红宝石，尊贵独享。

◁ **老坑种冰地龙牌**

44毫米×7毫米×52毫米

△ **冰种翠镯**

直径57毫米

3 | 老坑玻璃种

　　若透明度较高，即可称为老坑玻璃种，属于翡翠中最高档的品种。老坑种翡翠是相对于新山玉（坑）而言的，因为采玉人认为河床或其他次生矿床中采出的玉较矿脉中的玉石更成熟、更老，所以将其称为"老坑"。

▷ **冰种红翡淡黄翡自在观音佩**

35毫米×62毫米

4 | 冰种

冰种也称"籽儿翠"，多产于河流沉积矿床，水头特佳，属"有种无色"的翡翠。质地与玻璃种翡翠有相似之处，透明度较玻璃种翡翠略微低一些，无色或少色。冰种翡翠的特征是外层的光泽很好，半透明至亚透明，清亮如冰，给人冰清玉洁的感觉。

若冰种翡翠中存在"絮花状"或"脉带状"的蓝颜色，则称为"蓝花冰"。这种"蓝花冰"是冰种翡翠中常见的品种，大多用来制作手镯或挂件。

无色的冰种翡翠和"蓝花冰"翡翠的价值无明显的高低之分，其实际价格主要取决于人们的喜好。在市场上，冰种翡翠属于中高档品种。

玻璃种翡翠与冰种翡翠的区别是：前者比后者透明，质地更细，有"钢性"，而后者的表面光泽比前者强；前者能发出"荧光"，而后者却不能发出"荧光"。

△ **冰种翡翠手镯**
直径58毫米

△ **冰种翠手镯**
直径56毫米

▽ **冰种紫罗兰翡圆条手镯（一对）**
直径55毫米

△ **冰种翡翠手镯**

直径68.5毫米

△ **冰种翡翠挂件**

53.6毫米×22.8毫米

△ **冰种紫罗兰飘绿翡翠手镯**

△ **冰种翡翠观音圆牌**

直径53毫米

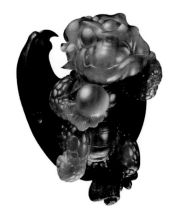

△ **冰种俏色翡翠"龙宝宝"**

49毫米×42毫米×74毫米

5 | 老坑冰种

该品种翡翠色浓翠，鲜艳夺目，色正不邪，色阳悦目，色均匀，看后赏目。硬玉结晶呈微细粒状，粒度均匀一致，晶粒肉眼能辨；硬玉质纯无杂质，质地细润，无裂绺棉纹或棉纹稀少；敲击玉体，音呈金属脆声；透明，有玻璃光泽，玉体形貌的观感似冰晶。

△ 冰糯挂绿手镯

直径74毫米

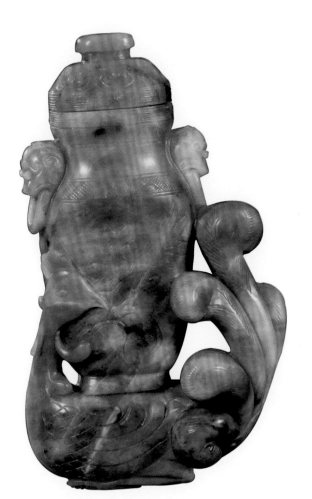

◁ **翡翠凤穿牡丹瓶　清晚期**

高120毫米

此瓶为细糯种，色油青，纹饰高贵，融合陈设与实用功能。由一只凤凰作为底座，凤头、颈、身与瓶身合为一体；凤尾透雕，舒展翻卷，丰满厚实，用绘刻线表现翎毛，一丝不苟，精彩之极。瓶的形制仿古，束颈，台阶口，沿口边饰勾连云纹，肩部饰两只外突的狮首耳，狮面明显拟人化，圆目，卷鬃毛，明清时代的特征明显。瓶身饰牡丹花，纹饰吉利，寓意"有凤来仪""富贵吉祥"。

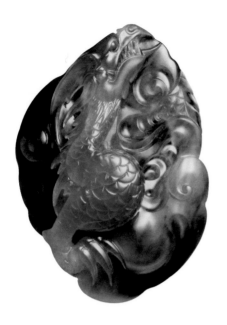

△ 冰糯种翡翠青龙环璧

6 | 糯化种

对该品种翡翠用"糯化"二字形容其质地状态，是因为其具有柔和的亚玻璃光泽，较为透明，肉眼观察时硬玉晶粒形似糯米粥。在10倍放大镜下观察有颗粒感，但是颗粒均匀。糯化的质地上面有时会带有不均匀的颜色，因而又有人将它称为"糯化底翡翠"，意思是说糯化的底子上分布着某种色彩，如绿色、蓝色等。

常见的糯化种翡翠有无色、飘蓝花、飘绿花等。其晶体比冰种翡翠、水种翡翠粗，属于中档品，少数为中高档品种。

△ 冰糯种黄翡手镯
直径53毫米

7 | 芙蓉种

这是一种颜色为中—浅绿色、半透明至亚半透明，质地较为细腻，尤其是颗粒边界呈模糊状，很难看到明显界线的翡翠。

该品种的翡翠，颜色多半呈淡绿色，不含黄色调，绿得较为清澈、纯正、柔和，有时其底子也稍微带些粉红色。质地较豆种翡翠细，在10倍放大镜下能明显观察到翡翠内部的粒状结构，但是硬玉晶体颗粒的界线非常模糊，其表面具有玻璃光泽，透明度介于老坑种翡翠与细豆种翡翠之间；其色稍淡，但显清雅，虽然不够透，但是也不干，极为耐看，属于中档或略为偏上的翡翠，市场价适中，称得上是物美价廉。

若这种翡翠上出现深绿色的脉，则通常被称作"芙蓉起青根"，价值很高。20世纪80年代，香港苏富比拍卖会上曾拍卖一只芙蓉种翡翠手镯，因其具有鲜绿色的脉，成交价竟然达到200万港币。

8 | 无色种

几乎不含有令翡翠致色的元素（铬元素、铁元素等）。

9 | 福禄寿种

这是一种同时具有绿、红、紫三种颜色的翡翠。在我国，长期以来福、禄、寿都是人们孜孜以求的三种人生境界，所以福禄寿翡翠被看作是吉祥的象征，一直深受人们的喜爱，因而价值不菲。

10 | 紫罗兰和紫青玉种

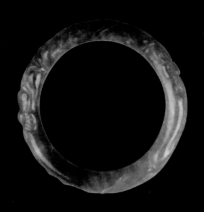

△ **紫罗兰色翡翠镯**

直径72毫米

这是一种颜色像紫罗兰花的紫色翡翠，大多质地较粗，若种水好，价格就高昂。珠宝界又将其称为"春"或"春色"。具有"春色"的翡翠有高、中、低几个档次，当然并不是说只要是紫罗兰的就一定值钱、就一定是上品，还需要结合翡翠的质地、透明度、制作工艺水平等质量指标进行综合评价。

在黄光下观察紫色翡翠，会感觉紫色比实际的略深，所以观察紫色翡翠时最好是在自然光下，鉴别时应予以特别注意。评价这一品种，应该以透明度好、结构细腻无瑕、粉紫均匀者为佳；若紫色为底，其上带有绿色，也是上品。

◁ **紫罗兰色翡翠手镯**

直径57.56毫米

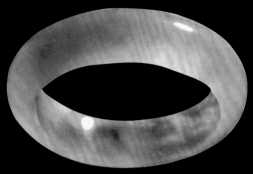

△ **紫罗兰色翡翠手镯**
直径53.5毫米

△ **紫绿双色翡翠手镯**
直径57.8毫米

△ **紫罗兰种翡翠手镯**
直径59毫米
　　此手镯大方端正，紫罗兰色，种地精
良，翠色自然，做工精细。

△ **紫罗兰色翡翠手镯**
直径55毫米

依据翡翠紫色深浅的不同，通常又可将翡翠中的这些紫色划分为茄紫、粉紫和蓝紫。粉紫质地较细，透明度较好，茄紫次之，蓝紫再次之。

11 | 金丝种

这个品种的翠玉历来争论较多，但是大多数属种质幼细、水头长和色泽佳的高档品种。行家对此通常有两种看法，其一，指翠色呈断断续续平行排列；其二，指翠色鲜阳微带白绿，但种优水足。

"金丝种"的绿并非一大块，而是由很多"游丝柳絮"密密组成；在光线较强的环境下，青绿种会给人以金光闪闪的感觉，但其本身并非金色的。有人把它叫作"丝片状"或"丝丝绿"，它们的特色也在于绵绵延延的丝状绿色实实在在，像有脉络可寻。但也不排除有些玉块可能出现少许"色花"。"丝丝绿"的翠青像游丝一样细，具有明显的方向性。翠绿色的丝路顺直的，叫作"顺丝翠"；丝纹杂乱如麻的，或像网状的瓜络的，叫作"乱丝翠"；杂有黑色丝纹的，叫作"黑丝翠"。以"顺丝翠"最美和价值较高，"黑丝翠"则无收藏价值。

有些"金丝种"玉的游丝排列得非常细密，并排而连接成小翠片，一眼看上去不像丝状，却像片状，因此有人把它称作"丝片翠"。虽然乍看好像没有方向性，但是如果用10倍放大镜仔细观察，仍会发现有一定的走向。

还有一种，翡翠行家称为"金线吊葫芦"，实际上也是"金丝种"翠玉的一种。其特色是在一丝丝翠色下，可能有较大片的翠青，二者绵延相连，就像微型瓜藤互系。

△ **翡翠摆件**
160毫米×110毫米×60毫米

12 | 翡色种

翡色种指红翡和黄翡。

红翡是指颜色鲜红或橙红的翡翠，在市场上较易见到。红翡的颜色是硬玉晶体生成后才形成的，由赤铁矿浸染而成。红翡的色一般呈亮红色或深红色，较好的颜色较佳，具玻璃光泽，呈半透明状。多属中档或中低档商品，但是也有高档的红翡，色泽明丽、质地细腻，十分漂亮，深受人们喜爱。

黄翡是一种颜色从黄到褐黄的翡翠，透明程度较低。这类翡翠制品在市场上极常见。它们的颜色也是硬玉晶体生成后才形成的，常常分布于红色层的上面，这是由于褐铁矿浸染所致。在当今市场上，翡色种的行情是红翡的价值高于黄翡。

△ **老坑种红翡平安扣**
直径35毫米

▽ **红翡俏雕雄鸡佩**
55毫米×37毫米×14毫米

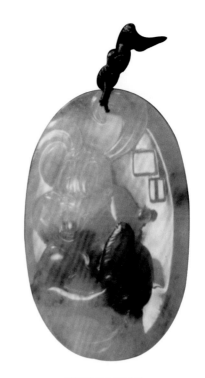

△ 黄翡俏色兔子挂件

△ 黄翡财神挂件

▷ 翡色种翡翠佩饰

13 | 干青种

这是一种绿色浓且纯正，透明度较差，底干，玉质较粗，矿物颗粒形态呈短柱状的翡翠。

其特征是：颜色黄绿、深绿至墨绿，带有黑点，常有裂纹，不透明，光泽弱，水干，因此被称作干青种。干青种的矿物成分主要是钠铬辉石，也含有硬玉等矿物成分。

干青种翡翠与铁龙生翡翠的区别明显：前者的主要成分为钠铬辉石，由于铬的含量太高，辉石发生了改变；而后者的主要成分是硬玉或铬硬玉，只是颗粒大小和结构疏密有变化，造成了后者水头不足、硬玉颗粒粗，且结构较为稀疏。

干青种翡翠通常被做成薄的戒面或玉片，这样显得通透一些。也可做成摆件或挂件，有一定的欣赏价值。

△ **干青种翡翠手镯**

14 | 花青种

这是指颜色较浓艳，分布成花布状，不规则也不均匀的翡翠。花青种翡翠的质地透明至不透明，依据质地又可分为糯地花青翡翠、冰地花青翡翠、豆地花青翡翠等。

其底色为浅绿色、浅白色或其他颜色，结构主要为纤维和细粒—中粒结构。该品种的特点是绿色不均，有的密集，有的疏落，色也深浅不一。花青翡翠中还有一种的结构只呈粒状，水感不足，其结构粗糙，故透明度较差。

花青种翡翠分布广泛，属中低档品种。

△ **花青种翡翠**

直径60毫米

此件手镯造型端正，以优质花青种翡翠为材，翠色艳丽，做工细腻，线条自然，工艺大方。

△ 墨翠龙钩摆件　唐代

76毫米×26毫米×21毫米

15 | 墨翠种

　　墨翠在市场上很常见，但易被人误认为是其他玉石中的"墨玉"（黑色软玉或黑色岫玉等），实际上它是绿辉石质翡翠。其在反射光下不透明，光泽较弱，但是在透射光下观察，则会呈现半透明状，且黑中透绿，尤其是薄片状的墨翠，在透射光下娇艳动人。墨翠通常不能算为高档翡翠，但用作具有特殊含义的饰品时，如"钟馗驱邪"一类的挂件、摆件，价格却不低。

△ 墨翠关公挂牌

△ 墨翠释迦牟尼佛像

43毫米×31毫米×10毫米

△ 墨翠螭龙牌

48毫米×39毫米×6毫米

16 | 油青种

这种翡翠的颜色为带有灰色加蓝色或黄色调的绿色，颜色沉闷而不明快，但透明度尚佳，通常呈半透明状，结构较细，大多看不见颗粒之间的界线。简称油青种或油浸，是由绿辉石、硬玉等微细矿物集合体组成的翡翠。

油青种翡翠的光泽看起来有油亮感，是市场上常见的中低档翡翠，一般用来制作挂件、手镯，也有做成戒指面的。这种翡翠的绿色明显不纯，含有灰色、蓝色的成分，有时甚至带有黑点，因此色彩不够鲜艳。其晶体结构多为纤维状，也比较细腻，透明度尚可。按色调细分又有"见绿油清""瓜皮油青"和"鲜油青"等。油青种翡翠价值较低。

17 | 豆种

豆种翡翠是指类似豆状的翡翠，简称豆种，是翡翠家族中常见的品种。质地较粗，透明度不好。豆种翡翠还可细分为水豆翡翠、糖豆翡翠、细豆翡翠（晶粒小于3毫米）和粗豆翡翠（晶粒大于3毫米）等品种。豆种翡翠的名称十分形象：其晶体大多呈短柱状，恰似一粒一粒的豆子排列在翡翠内部，仅凭肉眼就能够看出这些晶体的分界面。因其晶粒粗糙，故玉件的外表也难免粗糙，其光泽、透明度往往不佳，通常被翡翠界称为"水干"。一些带有青色者，被称为"豆青"或"淡豆"；带有绿色者，被称为"豆绿"。豆种翡翠极为普通，质量较差，属于低档玉种。

18 | 白地青种

这是常见的翡翠品种，其特点是底白似雪，绿色在白色的底子上尤为鲜艳。这一品种的翡翠很容易鉴别：绿色在白底上呈斑状分布，透明度很差，大多不透明或微透明；玉件具有纤维和细粒镶嵌结构，但以细粒结构为主，在放大30~40倍的显微镜下观察，其表面常见孔眼或凹凸不平的结构。该品种多属中档翡翠，也有少数绿白分明、绿色艳丽且色形好，色底极为协调的，经过良好的设计和加工，可成为高档品。

19 | 跳青种

其特点是在浅灰色、浅白色或灰绿色的底子上，分布着团块状、点状的绿色或墨绿色。跳青翡翠与花青翡翠的区别是：前者色块分布稀疏，且颜色较重，与底子反差较大；后者脉状分布的绿色与底子相配，显得极为自然和协调，而前者的颜色却显得突出、醒目，具有跳动感和突兀感。

20 | 铁龙生种

"铁龙生"为缅语，意即"满绿"，是比较新的一个翡翠品种，翠绿色，水头差，微透明至不透明，但绿色多而均匀，常常为满绿，然而色调深浅不一，透明度低，结构疏松。在市场上随处常见。

"铁龙生"用贵金属镶嵌后可做成薄叶片、薄蝴蝶等挂件，也有用来做雕花珠子、雕花手镯等满绿色的饰品的。因其绿得浓郁，薄片做成的装饰品，观赏和使用价值较高，如用铂金镶嵌的薄形胸花、吊坠，用黄金镶嵌的铁龙生饰品，金玉相衬，富丽大方，惹人喜爱。

△ 铁龙生翡翠　　　　△ 铁龙生翡翠　　　　△ 铁龙生翡翠

21 | 马牙种

这是一种质地比较粗糙、玉石中的矿物呈白色粒状、透明度差的翡翠品种。用10倍放大镜很容易就能看到绿色中有很细的一丝丝白条。尽管其颜色较绿，但是分布不均，有时还可以看到团块状的"白棉"。

马牙种翡翠的价值不高，在制作工艺品时很少用于戒指面，绝大多数都用于制作挂牌或指环等。属于中档或中低档货。

△ **挂绿手镯**

直径76毫米

三
翡翠的地

1 | 指底色

　　地，指底色，即翡翠绿色色斑以外部分的颜色，在行业上也称之为"底子""地张"等。识别底色是认识翡翠非常重要的一个方面，因为底色的色调、深浅都会对翡翠的主色调（即绿色）产生影响。翡翠常见的底色有无色、白色、浅黄色、褐灰色、灰色、浅绿色、淡紫色、灰绿色等。

◁ **翡翠鱼龙饰件**

高72毫米

△ **挂绿手镯**
直径76毫米

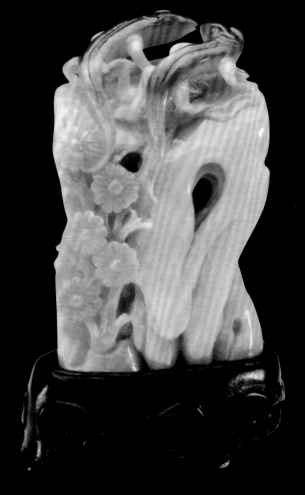

◁ **翡翠蜥蜴摆件**
高90毫米

2 | 指结构

　　地，也指结构，即组成翡翠的矿
物结晶程度、晶体形态、颗粒大小以
及矿物与矿物之间的相互排列关系。

△ **翡翠手镯**

直径60毫米

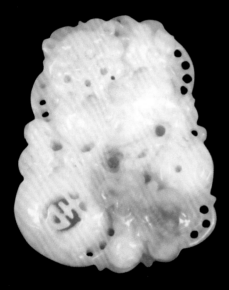

△ **翡翠瑞兽挂件**

高48毫米

　　此挂件为瑞兽形，以翡翠制作而成，翠色自
然，颜色艳丽，优质细润，工艺精美。

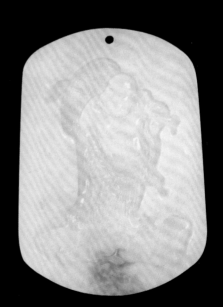

△ **紫罗兰翡翠布袋和尚牌**

高56毫米

3 | 指絮状物

地还指翡翠中的絮状物（又称"棉"）、黑斑以及其他色斑的多少。由于翡翠是多种矿物的集合体，其结构多为纤维状结构和粒状结构，杂质的多少也必然影响翡翠的价值。

△ **翡翠中的白棉**

△ **翡翠手镯**
直径60.60毫米

△ **翡翠手镯**
直径54.96毫米

4 | 指颜色、水头和净度的综合体

"地"的又一含义是翡翠的绿色部分及绿色以外部分的干净程度与水（透明度）及色彩之间的协调程度，以及"种""水""色"之间相互映衬的关系。民间称"地"为"地张"或"底障"等。翠与翠外部分要协调，如翠好必须翠及翠外部分水要好，才映衬协调，若翠很好但翠外部分水差、杂质脏色多，称为"色好地差"。翠的"水"与"种"要协调，如果"种"老，色很好，水又好，杂质脏色少，相互衬托，就能强烈映衬出翡翠的倩丽、润亮及价值来。"地"的结构应细腻，色调应均匀，杂质脏色少，有一定的透明度，互相照应，方能称"地"好。好的"地"称玻璃地、糯化地、蛋清地；不好的"地"称石灰地、狗屎地等；水不好的翡翠称"底干"。

△ 水头好的翡翠挂件

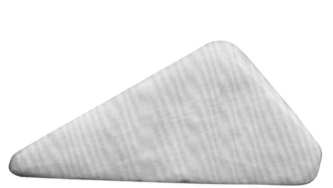

△ 干白地翡翠原石

△ 水头好的翡翠观音挂件

四
翡翠的地子类别

　　翡翠中，绿色以外的部分即为"地子"，民间又叫作"底"或"地张"。绿色存在部位的质地可以看作是一种特殊情况下的地子。地子能够反映底色和结构特征，还能反映翡翠的干净程度和透明度，即水与色彩之间的协调程度。地子的颜色有白色、油青、紫色、淡绿和花绿等。

　　地子的种类很多，根据颜色、结构和透明度可分为以下几种类型。

1 | 透明或较透明的地子

（1）玻璃底

　　像玻璃一样明亮透明的地子就叫玻璃底。它是翡翠质地中最佳的品种，即使在10倍放大镜下也很难见到翠性。此种玉质的翡翠出现高绿的可能性较大。

（2）冰底

　　底色很淡或无色，清澈透明，内部无杂质，石花较少，若制成手镯戴在手上有一种冰清玉洁的感觉，很是招人喜爱。

◁ **翡翠仕女（一对）　清代**

高190毫米

（3）蛋清底

玉质细腻、较透明、如生蛋清颜色的地子。

（4）芙蓉底

又叫作"糯化底"，较透明，玉质较细，结构均匀。用10倍放大镜观察能感觉到有颗粒，但找不到颗粒的界限，民间将此现象称为"起糯"或"糯化"，这是翡翠在形成后期遭受重结晶作用的结果。

（5）鼻涕底

底色不够透亮、好像清鼻涕一样的地子。

△ **冰地翡翠吊坠**

△ **玻璃地翡翠的观音吊坠**

△ **蛋清地翡翠佛吊坠**

△ 油地翡翠手镯

◁ **翡翠观音像　清代**
高260毫米

2 | 较透明至半透明的地子

　　青水底：较透明，稍微有点青绿色的地子。

　　灰水底：较透明，稍微带点灰色调的地子。

　　紫水底：较透明，带紫色的地子。

　　浑水底：半透明，看似浑浊不清的地子。

　　藕粉底：半透明，像熟藕粉一样的地子，通常带有粉色或紫色。

3 | 半透明至微透明的地子

　　细白底：玉质细润、底色洁白的地子。

　　白沙底：色白而具有沙性的地子。

　　灰沙底：色灰而具有沙性的地子。

　　紫花底：青色而带石花的地子，又被叫作"瓜底"。该品种翡翠常呈暗绿色或飘蓝花。

　　白花底：色白，质地粗糙，带有石花的地子。

4 | 微透明至不透明的地子

　　瓷底：质地如同瓷器，底色为灰白色，缺乏灵气。

　　芋头底：灰白色，肉粗，不透明的，像煮熟的芋头一样的地子。

　　干白底：色白水短，光泽不强的地子。

　　豆底：翠性明显，晶粒粗大，肉眼可见，水头差，大多不透明。

5 | 不透明的地子

　　马牙底：底色呈白色，不透明，质地粗糙，像马牙一样的地子。

　　香灰底：香灰一样的颜色，质地粗，水头差的地子。

　　石灰底：像石灰样，且石性特点突出的地子。

　　干青底：底色带青，质地粗糙，石性石花粗大的地子。

　　狗屎底：质地粗糙，底不干净，常见黑褐色或黄褐色，好似狗屎一样的地子。

▷ **干白地翡翠原石**

　　一般说来，地子以质地坚实、细润、水分足、底色均匀、漂亮为佳。玉质细、硬度高的翡翠抛光后，表面十分光滑，在光的照射下光芒四射，被称为"玉气重"；地子清亮透明，才能显现其中的绿色，给人以碧绿如滴的感受，此现象一般被称作"放晴"。所以，地子的好坏直接关系到翡翠质量的等级和价值。

　　地子与绿色的关系密切。一般说来，翠性越小，结构越细腻，则绿色越好。但也有相反的情况，比如"狗屎地出高绿"就是一个例证，显然狗屎地子不好，质地粗糙，色很难看，但在这种地子中的绿色有的却表现得很细润，色也很漂亮。鉴别时应做进一步的研究。

▷ **天然翡翠配钻石项链、戒指及耳环套装**
翡翠项链坠17.22毫米×14.87毫米×6.62毫米；戒指蛋
面18.85毫米×14.70毫米×7.45毫米；
耳环14.83毫米×11.88毫米×6.39毫米

地子与绿色之间还有一种照应关系。人们常说的"地子吃绿"和"绿吃地子"，就生动地说明了地子与绿色二者之间的相互照应、融和、渗透的特点。若地子不好，水头差，绿色不能与周围的地子相融合与照应，不能扩大绿的范围，那么，就算极好的绿色也会显得沉闷，缺乏生气，甚至对绿色造成一定的损害，即所谓的"地子吃绿"。假如地子质地细腻，水头好，对绿色的照应程度好，使得绿色柔和均匀，扩大了绿色的范围，使得绿色与地子互相融和，绿色把周围一部分地子"吃"过来，这种情况就被称为"绿吃地子"。具有照应特点的翡翠，绿色通常愈益匀润而娇艳，其质量和价值也就更高了。

△ **翡翠济公摆件**
260毫米×120毫米×800毫米

△ **翡翠珠子项链**

△ **翡翠白金乌龟摆件**

长90毫米

　　"水头"是用视觉感受来评估翡翠优劣的商业术语。正常光线下，有的翡翠首饰看起来晶莹剔透，有"水汪汪"的感觉，行话称作"水分足"；水头好的翡翠，因为光线进入翡翠之后由小晶体引起折射，故颜色是活的。但有些看起来颜色死板、呆滞，感觉"干巴巴"的，行话称作"水不足"或"干"。

△ **翡翠巧色坐佛坠**

高60毫米

翡翠的"水头"与翡翠的结构、矿物成分及翡翠首饰的厚薄和颜色的深浅有关。"水头"好的质地细腻，颗粒结构趋向均一，光线在矿物颗粒间的漫反射减少，从而"水头"更好。翡翠的矿物成分也会影响"水头"，成分越单一，"水头"越好。翡翠首饰的厚薄和自身颜色的深浅，也会影响"水头"，颜色浅、厚度薄，"水头"就好；反之，则差。

"水头"是评价翡翠不可缺少的重要因素之一，它对翡翠颜色的表现影响很大。在一定的颜色条件下，"水头"越好，颜色越美观，价值也就越高。反之，若翡翠自身的颜色很差，就算"水头"很好，其价值也非常有限。

△ **冰叶**

43毫米×26毫米×7毫米

◁ **翡翠雕四足方炉**

高200毫米

　　此外，对于不同品种，"水头"和颜色的重要性也有所不同：如戒指面、耳环和小件的首饰，翡翠的颜色就较之"水头"重要；手镯、挂牌等大件翡翠首饰，在某种情况下"水头"的重要性则要高过颜色。

　　水头是行外人士挑选翡翠时容易忽略的一个问题。看上去晶莹剔透，很水灵，娇艳欲滴的为上品。半透明的为冰种翡翠，几乎完全透明的为极品（俗称玻璃种）。

△ **冰种三彩翡翠貔貅佩**

54毫米×34毫米×6毫米

△ **童子鲤鱼**

45毫米×11毫米×53毫米

　　此件器物翠质细腻，种份冰透，设计新颖，构思巧妙，雕刻师将冰透部分雕琢成一童子，黄色部分雕琢成一条鲤鱼，层次分明，很少见。

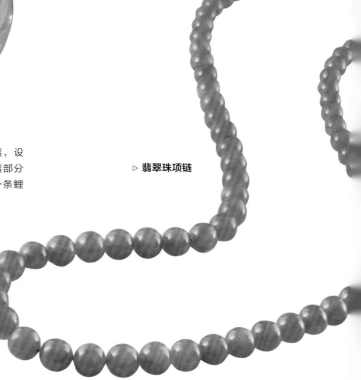

▷ **翡翠珠项链**

六
水头的分级标准

1 | 按透明度分级

　　根据翡翠的透光程度，可以将翡翠的透明度大致分为透明、较透明、半透明、微透明和不透明五种类型。

2 | 六分法

　　指翡翠的透明程度，是以光线在翡翠中所能够穿透的能力与深度为依据来划分的。通常测试翡翠水头的方法是，如光线能穿越玉料中达到一厘米的厚度或深度，为一分水。二分水，是指光线能穿透翡翠大约2厘米，依此类推。

3 | 十分法

　　此标准也将翡翠透明程度称为"水头"，但与六分法不同的是它的一分水指3毫米厚度或深度，二分水指6毫米厚度，呈半透明状，依此类推，直到十分水为3厘米厚度。一般达到二分水的翡翠料就被称为水头足的优质玻璃种底。

4 | 五分法

　　透明度高者，常被说成水头足，水头好，水头长。如能达到二分水和2级的翡翠就可以认定为上等质量了。透明度越高越好，但同时也必须重视翡翠的颜色的多少，浓淡，鲜暗的程度。

第四章

翡翠的价值因素

一
绿色决定价值

◁ **翡翠手镯**
直径65毫米

颜色是评价翡翠最重要的因素，在水、种、地同等的情况下，价值最高的是绿色翡翠，绿色越多，价值越高，其次是红色、藕粉色等。

翡翠中翠的部分越大越多，也就越好，以翠绿色为最佳，因为绿色可以说是翡翠的生命，人们常用"绿得能捏出水来""翠绿欲滴""绿得像雨过天晴的冬青叶子"等语言来形容它。

△ **翡翠春带彩手镯**
直径68毫米

△ **翡翠珠链27粒**
最大17毫米，最小14.0毫米

△ **翡翠长寿如意**
长35毫米，带原绳重7.4克

◁ **翡翠手镯**
直径56毫米

二
透明度决定价值

决定翡翠价值最重要的标准是什么？是透明度。

为什么决定翡翠价值的不是绿色而是透明度呢？这是因为，没有绿色，透明度高的翡翠，同样具有很高的收藏价值，而没有透明度，仅仅只有绿色，这样的翡翠并没有多少收藏价值。

△ 翡翠黄冰佛

高29毫米

所以，可以说绿色是决定翡翠价值的重要因素，但绿色是在透明度的基础上提升翡翠价值的，而不能单纯凭绿色来判断一块翡翠的价值。透明度高，即使是无色，或者是黄色、红色等，收藏价值也很高。

透明度是指透过可见光的程度，透明度最好的翡翠似绿色玻璃，俗称"玻璃翠"，行语称"水头足"。

"水头足""水好"，行话也称"俏"，指的是质地细嫩而通体透彻，光泽晶莹凝重而不老。

产于缅甸的天然翡翠中，以"老山坑"玉和"水皮"玉为最好，当地人称"水多"。

△ 冰种翡翠三色挂件

高50毫米

▷ 紫罗兰翡翠手镯

直径55毫米

三 质地越细腻价值越高

△ 福寿财挂件

质地实际上是指翡翠的结构，质地细腻致密者为上品。

这里讲的翡翠结构是指组成翡翠的硬玉矿物的结晶微粒的粗细、结晶体的形状及其组合分布方式，行家称"底"或"地"。质地包括透明度，但又不仅仅指透明度。

一般来讲，硬玉矿物结晶颗粒越小，翡翠的质地就越细；硬玉矿物结晶体越粗大，翡翠的质地就越不好，感觉不细腻，抛光效果差，价格也就越低。

我们可以将翡翠的质地大致分为几类，从非常细——细——较粗——粗——很粗这五个级别，一般好的翡翠质地都很细，也可以根据地子的好坏，来分析翡翠原料价格的差异，研究出一般的规律来，就会较容易知道地子对翡翠价值影响的幅度。

◁ 紫罗兰色天然翡翠珠项链
珠子直径约15.6～20.5毫米，项链
总长约630毫米

优质翡翠的"地好"是指与翠相衬托的"地"好，以"湖绿地""藕粉地""虾肉地""白豆地"最好；"豆青地""紫花地""绿白地"次之；"石灰地""芋头地""狗屎地"最差。

关于翡翠的质地和水种，据报道，2009年11月，云南翡翠分级新标准出台，这一云南省地方标准名为《翡翠饰品质量等级评价》，是通过专家会议评定后出台的。

新标准解决了消费者对A货翡翠价值认知的盲点，新标准将翡翠（A货）饰品质量等级的总分值设定为1000分，综合评分251分以下的只能算作合格品，251分以上的又根据高低分值分为上品、珍品、精品、佳品，其中700分以上的才能评为上品，每品又各划分为三个等级，最终形成"5档12级"的评定标准。

这一标准解决了传统评价中仅靠个人经验，或只有单项指标评价没有饰品整体评价结果的问题，有助于收藏者评价翡翠的质地。

△ **玛瑙玻璃种飘花如意佩**
60毫米×38毫米×14毫米

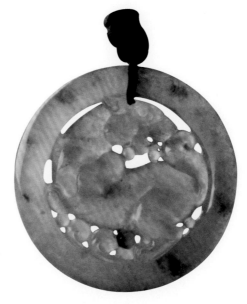

▷ **糯冰种点翠璧形佩**
56毫米×56毫米×7毫米

四
干净程度影响价值

　　翡翠像其他宝石一样，干净程度也直接影响其价值。对于翡翠来说，颜色越绿、质地越细腻致密、透明度越高、瑕疵越少，其质量和价值就越高。

　　纯净度高也称为"完美度好"，除了无裂痕、裂隙，还要无杂质和其他颜色，重量大小也要适合。

　　翡翠的瑕疵主要有白色和黑色两种。黑色瑕疵有的是以点状分布，也有成丝状和带状分布的，主要是黑色的矿物，例如角闪石等。白色的瑕疵主要以块状、粒状分布，一般称为石花、水泡等，主要是白色的硬玉、矿物和长石矿物。

　　在评价翡翠时要研究瑕疵的大小、分布特征，是否可以剔除，是否对翡翠的质量产生重大影响，影响的程度如何等，综合分析后确定瑕疵对翡翠价值的影响程度。

△ **玻璃种飘绿翡翠手镯**

直径59.5毫米

△ **翡翠手镯**

▷ **翡翠两用胸针**

挂件高110毫米，翡翠21粒，钻石384颗

△ **细糯种黄翡绿翠双色手镯**

57毫米×24.5毫米×8毫米

五
裂纹影响价值

　　一块翡翠料上有大的裂纹，将大大影响其价值。影响程度要依裂纹的大小、深浅、位置等因素来判断。

　　裂纹还指翡翠内部瑕疵的多少。瑕疵包括显微裂隙、裂纹、杂质矿物、杂色斑块等。瑕疵含量越少则翡翠质地越好。

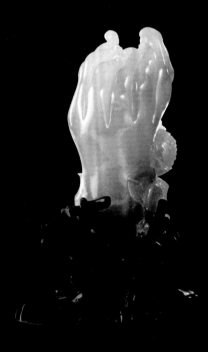

△ **冰种翡翠雕弥勒挂坠**
长53毫米

△ **翡翠佛手**
124毫米×44毫米×53毫米

六
好雕工提升价值

看雕工就是看工艺，雕工好能大大提升翡翠的价值，通常可以提升1～3倍的价值。

雕工体现在翡翠玉件造型要优美、自然、生动，整体构图布局要合理，章法要有疏有密、层次分明、主题突出。雕工细致，大面平顺，小地利落，叠挖、勾轧、顶撞要合乎一定的深度要求。翡翠玉件表面要光亮滋润平展，大小地方均匀一致，造型不走样，过腊均匀，表面无绿粉。

关于雕工好能提升翡翠价值的说法，著名海外华人收藏家徐政夫有一套鉴别古玉投资价值的公式可供参考。徐政夫说："一块玉若以1为标准，若玉质好时，价格则变为2；若刻工好，则变为4；沁色好，变为8；造型又特殊，变为16；玉的成色好，则变为32。"

徐政夫说的雕工好，可提升4倍，这是指通常情况。如是名家雕刻，甚至可提升10倍以上的价值。

经过上百年的开采，真正的A货翡翠已经越来越稀少，现在玻璃种的翡翠首饰收购价很难低于3 000元，如果在玻璃种翡翠首饰上局部出现高绿的话，其价格可达五六十万元，如果是满绿的翡翠饰品，只要雕工精细、造型美观，其价格完全有可能达到1 000万元。

看雕工也包括了看设计。例如，一块有黑、有绿、有白的料，如果将三种颜色充分利用，设计成一件绝佳的艺术品，其价值将会成倍增长，如果设计不好，将大大影响其价值。

收藏投资翡翠要注重翡翠玉雕件佳作，翡翠玉雕件佳作代表了翡翠玉器最高水平，在选料、设计、雕琢工艺、抛光等几方面均达到最高标准。

收藏翡翠玉雕件佳作首选大师的作品。在博物馆、珍宝馆中，一些出自大师之手的翡翠玉雕作品，同样的料，由于大师的精心设计，用心加工，而使作品不同凡响，这也反映了大师的综合能力和水平，这种翡翠玉雕作品的价值要远远高于一般翡翠玉雕作品。

采用特殊工艺的采用翡翠玉雕件，也值得收藏投资者关注，如薄胎技艺、梁链技艺、镂空技艺等，采用这些特殊工艺的翡翠玉雕作品，其价值也会有所提升。对采用特殊技艺的翡翠玉器进行评价时，要体会翡翠玉雕工匠的心血，要会欣赏，懂欣赏。

现代翡翠玉雕佳作，在工艺上有所突破，在使用使具上做了大胆尝试。在评价翡翠玉雕珍品时，对珍品、佳作的构成因素进行综合分析，并同类似作品进行比较，对其价值进行评估，最终做出一个正确的价值判断。

△ **翡翠雕仕女像　清代**
高117毫米

△ **翡翠雕观音像（一对）　清代**
高217毫米

△ 翡翠节节高升纹挂件

高56毫米

　　此挂件造型优美，取意节节高升，翡翠翠色自然，雕工精细，线条流畅。

七
上佳俏色价值高

　　"俏色"是我国古老的玉石工艺的特殊处理手法，是翡翠玉雕工艺的一种艺术创造，这种工艺只能根据玉石的天然颜色和自然形体按料取材，依材施艺进行创作。创作受到料型、颜色变化等多种人力所不及的因素的限制。

　　俏色可以获得出神入化的艺术效果。适于制俏色的原材料很难得，在制造过程中，往往始料不及地发现玉石中蕴含着有色斑点。

▷ 翡翠凤凰灵芝佩　清代

一般来说，或将其剜除仍按原设计继续雕琢或将其巧妙地加以利用，局部修改原方案，制成富有表现力的俏色作品。如中国民间工艺美术家、俏色雕刻艺术家施禀谋创作的俏色宝玉石雕刻，令翡翠焕发出与众不同的神采。

一件上佳俏色作品的创作难度是很大的，其价值很高。在评价俏色利用方面，可以根据一巧、二俏、三绝这三个层次进行分析。

△ **红翡螭龙手把件**

高97毫米

此手把件选用优质红翡为材，材料难得，雕成螭龙纹，工艺精细，生动自然。

△ **翡翠螭龙牌**

高87毫米

△ **翡翠福星送子**

高93毫米

八
艺术性高提升价值

艺术性既是针对翡翠的审美属性而言，也是对翡翠美学价值的判断。收藏投资翡翠需具备审美眼光，若不注意艺术成分在翡翠玉器中所起的重要作用，这样的收藏投资是不能取得成功的。

一方面，对翡翠艺术性的判断因人而异，同一件翡翠玉器给不同的行家看，会有不同的价值判断，这与个人的艺术修养有很大的关系，从而造成不同的人在价值判断中产生巨大差距。

另一方面，在翡翠鉴赏中对其艺术性的判断，也有基本的共性，如衡量一件翡翠玉器的价值，就要综合分析其质地、工艺、创意、俏色运用、神韵、成本等。

同时，还要考虑翡翠的文化源流。全世界真正意义上的翡翠百分之九十五以上产自缅甸，特别是优质翡翠几乎全部来自缅甸。翡翠与中国结缘于明代，兴盛于清代。"谦谦君子，温润如玉"，翡翠正是以它优雅华贵、深沉稳重的品格，与中国传统玉文化精神内涵相契合，被推崇为"玉石之王"。

翡翠的鉴赏是一门艺术，鉴赏者不但要从文化层面和艺术层面来认识翡

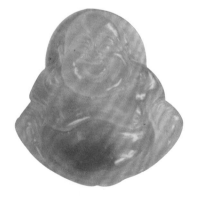

△ **冰种翡翠弥勒佛挂件**
高35毫米

△ **翠冰种手镯**
直径57毫米

翠、欣赏翡翠，而且还要多了解一些物化方面的情况，如翡翠的料石、翡翠的颜色、有关翡翠的常用术语，如水、种、地子、照映等，全方位地对翡翠进行把握。

人们收藏翡翠时，收藏的不是料石，而是雕琢成型后的器物，对翡翠加工的过程就是赋予翡翠魂魄、灵性的过程，这之后翡翠才真正具有了艺术价值。翡翠的价值也因而不能再以原先的物质价值来衡量。

评价一件翡翠玉雕作品时，经常会有人讲这件作品有神韵。那些设计巧妙、做工精细、整件作品极富神韵的佳作，就是艺术性高的作品，不能与一般翡翠玉雕作品相提并论。

△ 细糯化三彩翡翠龙鱼如意观音

78毫米×53毫米×18毫米

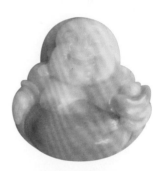

△ 天然翡翠紫罗兰佛挂件

高35毫米

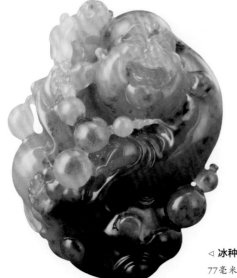

◁ 冰种漂蓝俏佛手把件

77毫米×64毫米×40毫米

△ 翠冰种手镯

直径55毫米

九
雕刻工艺与价值

在重视雕刻的同时，也不能过分迷恋雕刻工艺。

和其他雕刻工艺的雕刻越多、鉴赏价值越高不同，对有些翡翠的鉴赏标准是雕工少而翡翠价格反而更高。

如一次拍卖会上高价拍出的翡翠四件套"春色无限风光好"，雕工极少，色调均匀，质地细腻，光滑无瑕，透明度极高，其中的项链由29颗同色翡翠珠串联，颗颗饱满硕大，珠圆玉润，直径均在1.2~1.3厘米。

为何雕工极少的翡翠四件套反而能拍出高价呢？这是因为该块翡翠毫无缺陷，一块好的翡翠由于材料价值的昂贵，总是尽可能不雕或者少雕，只有为了避开翡翠材料上的天然缺陷才不得不借助于雕工。所以，没有雕刻的翡翠反而价格最高。

鉴赏翡翠从某种角度来说，就是鉴赏翡翠本身，这是翡翠鉴赏不同于其他工艺品鉴赏的特点。但在翡翠鉴赏中，对造型和雕刻工艺的鉴赏，也不可忽视。

▷ **翡翠珠链**
直径约4.66~11.78毫米，珠链长约815毫米

△ **翡翠蝠蟾三多摆件**

高110毫米

△ **翡翠双螭三多摆件**

长95毫米

△ 翡翠观音

约44.7毫米×20.3毫米×6.4毫米

在评价翡翠时，上述要点应综合分析研究，首先要确定翡翠料是首饰料还是玉雕料，两种料的评价方法不同，首饰料更直接，更具体；而玉雕料就更复杂，更抽象，不仅要考虑料的好坏和颜色的分布特点，还要看能做什么，怎样做，效果会怎样。

在此值得一提的是，影响翡翠价值的因素很多，每一种因素都是动态的和不确定的，这就是为什么翡翠的价值规律很难确定的原因。从事翡翠评估研究的人，只有不断总结经验，尽可能多地收集资料，多寻找影响翡翠价值的各因素之间的辩证关系和规律，才能客观进行对翡翠原料和成品的评估。

▷ 翡翠观音挂件

约52.8毫米×32.8毫米×13.1毫米

△ **翡翠三星对弈山子摆件**
高235毫米

第五章

翡翠的鉴别要素

△ **A货翡翠手镯**

直径58毫米

此手镯选用天然A货翡翠制作而成，翠色艳丽，种地上乘，做工精美，十分难得。

△ **A货翡翠花青种麒麟牌**

60毫米×45毫米

此牌花青种，由天然A货翡翠雕刻而成，牌身雕刻麒麟纹，纹饰精美，线条流畅，保存完好。

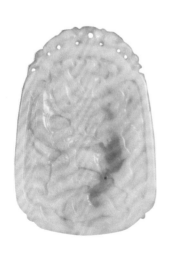

一

天然质地A、B、C 级翡翠鉴别要点

翡翠是硬玉中最好的，出产于缅甸乌龙河流域。翡翠主要分A、B、C三级。

需要说明的是：这里所指的A、B、C三级分的标准与下文提到的A、B、C货是两个不同的概念，A、B、C级是指翡翠质地好坏的天然分级，而A、B、C货则是指经人工处理后的分类方法。

A级是指纯天然，没有经过任何人工处理的翡翠；B级是指材质经过人工处理美化的翡翠；C级是指色彩属于人工加色美化的翡翠。

B级处理会破坏翡翠的玉质结构，而C级的人工加色，实质是为了假冒优质品，因此，翡翠爱好者最起码的消费底线是购买到A级翡翠。然而，由于A级翡翠与B、C级翡翠的价差很大，市场上以B、C级翡翠充当A级翡翠的现象十分普遍。

A级翡翠的质地十分紧密，玉质中的晶体状纹理非常清晰，显得晶莹剔透，很有力度，若轻轻敲击，会发出类似风铃的悦耳声音。而且，A级翡翠越把玩表面越亮。此外，A级翡翠的色彩水润细腻，越近灯光越清晰，越鲜艳，即使是重色中晶体状纹理，依旧清晰可见，色块边缘也非常清晰。

B、C级翡翠与A级翡翠最主要的区别是玉质碎裂、敲声发闷、观感模糊。

◁ **A货翡翠紫罗兰色龙纹牌**

60毫米×42毫米

此龙纹牌由天然A货紫罗兰地翡翠制作而成，雕琢工艺精细，玉质细润，龙纹生动形象、庄重威严。

人工处理A、B、C货翡翠鉴别要点

二

我们知道，翡翠的组成矿物主要是辉石簇中的硬玉、或含硬玉分子（NaAlSi$_2$O$_6$）较高的其他辉石类矿物（如铬硬玉、绿辉石等），未经充填和加色等化学处理的天然翡翠通常被行内称为翡翠A货。经过充填（通常是先用强酸强碱将水头不够或者瑕疵较多的翡翠"洗"干净然后充填高分子聚合物等）处理的称B货（这个"B"大多数理解都是从英文"bleached & polymer-impregnated jadeite"——"漂白和注胶硬玉"而来）；翡翠C货（较易接受的理解是来自英文"colored jadeite"——"染色翡翠"）是染色的翡翠，这种染色多半都是染成大众喜爱的绿色，当然也有染成紫色和黄褐色的，同时存在充填和加色处理的行内一般称为B+C货。A、B、C货并不是有些人理解的A、B、C级的"等级"之意，而只是表明翡翠是否被人为"处理"过的身份标记。

1 | 伪造方法

（1）A货：浸蜡处理的翡翠

A货是指未经任何除抛光、切割、雕刻以外的方法加工的翡翠制成品，我们在天然翡翠中所看到的翠绿色，是阳光或白光中部分光质被翡翠吸收后反射绿色光质的结果，翡翠颜色要具备色浓、色阳、色正及色匀这四要件，需要有致密而光滑的表面，才能产生镜子般的反射光，可是翡翠常与其他物质混合而成岩石，因此组织构造欠均匀，磨光后的表面并非特别光滑。在放大镜下观察，能看出凹凸不平，反射能力大受影响。因此，表面处理是作伪者惯用的一种方法。为

△ **翡翠手镯　清代**
直径69毫米

了改善光泽，填充表面破碎和不平之处，在蜡中浸泡是伪造翡翠的最后一道工序，常被用来"改良"抛光以后的翡翠成品，例如一只手镯首先在温碱性水中浸泡5～10分钟，以清除抛光之后的表面残余，然后冲洗，晾干，接着将其浸泡于酸性液体中约10分钟。然后，再次清洗，晾干，再在沸水中煮5～10分钟，这时要控制温度，防止翡翠破裂，然后用预先融化的蜡浸泡手镯。这种做法通行多年，为多数人所接受允许，在玉器行业称之为A货或A玉。

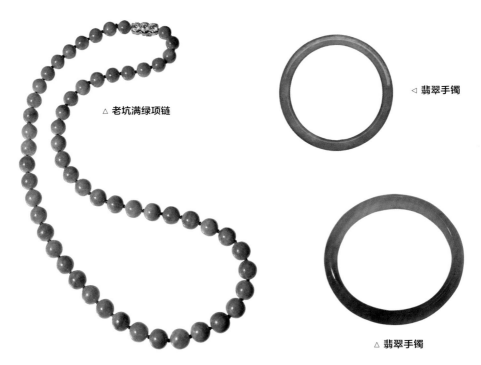

△ 老坑满绿项链

◁ 翡翠手镯

△ 翡翠手镯

（2）B货：漂白注胶处理的翡翠

翡翠漂白灌注胶料处理，早已盛行于玉市场，特别是台湾地区、香港特区，无论高档货老坑种或低档花青种均有，曾有报导说高档货中有80%～90%均经处理过。其法包括两个主要阶段：第一阶段是漂白又称褪黄，即将已剖开成片状的翡翠原石或已琢磨完成的翡翠，以化学处理方法去掉棕褐色或灰黑色（可能是铁化合物填充在裂缝里所引起）。第二阶段是注入聚合物，甚至添加绿色色素。经由这两阶段处理的翡翠，通常称之为B货。到现在为止，这种处理只限绿色或白色翡翠，其他颜色的玉如紫玉或软玉还未发现。

漂白注胶之程序。

第一阶段漂白：将翡翠原石（毛料），或剖成板状原石或已琢磨成形的翡翠如戒指面、坠子或手镯等，浸入化学药品去除存在裂缝或粒子构造间的棕黄色铁化物。多种资料显示盐酸、果酸是最常用的漂白剂，其他纳化合物也常被用来漂白翡翠。依照翡翠受污染的程度或污染源之不同，有的只要浸几小时，有的却要浸上几个星期才有效果。当所呈现的颜色已被最大的改善后，取出用清水不断清洗，也可用苏打水程度均中和残留在玉上的酸。至此尚属正常作业，许多宝石如祖母绿在雕琢前均经如此处理。

第二阶段：漂白完成后，裂缝或粒子间全部或大部分棕褐色污迹已被清除，但会使白色或粉绿色脉纹更明显。漂白过的翡翠因除去污迹还会露出孔隙，而呈现易碎裂状态，有的低品质漂白翡翠，只要手指用力就会捏碎。若不加以处理就镶成首饰佩戴，用不了多久这些孔隙就又会填满了脏物，因此必须进行第二阶段作业——注入聚合物，有时只用蜡，但大部分是注入树脂，替代被除去的物质。有些技师将染料与聚合物一起注入，灌注完成后再将残余的聚合物除去。

翡翠B货有以下缺点：一是易碎易折；二是老化褪色（时间通常为3~5年），老化后一文不值；三是优化过程使用化学腐蚀剂，佩戴对身体有害无益。目前市场上还出现了用水玻璃或有机硅取代环氧树脂做加固充填材料，让人更难识别，而且还使翡翠本质遭到了破坏，难以弥补。

（3）C货：被覆处理的翡翠

被覆处理的方法：是在白色次等玉（可用其他饰石如印度玉代替）的表面，包裹一层很薄的绿色胶膜，使原本无色的白玉，变成翠绿透明的"皇冠绿"。其实，已有一些宝石经由被覆处理的方法来改良宝石的颜色。比如刻面天然金绿玉的表面被覆一层绿色物质以冒充祖母绿；无色钢玉珠，在其珠孔被覆红色物质；星光无色蓝宝被覆塑料以冒充星彩红宝等。

△ **冰种翡翠福禄寿挂件**
长4毫米

△ **翡翠福禄寿手镯**
直径60毫米

△ **翡翠杨绿手镯**
直径60毫米

2 | 翡翠A货的鉴别

A类货，既是天然质地，也是天然色泽。选购与鉴别应从以下三点入手。

谨慎判断、斟酌行事。因为矿藏和开采量有限而人们需求量较大，目前市场上很好的翡翠较少。特别是颜色翠绿，地子透亮的品种更是少之又少。

通常如秧苗绿、菠菜绿、翡色或紫罗兰飘花的品种最为常见。

A类货在灯光下肉眼观察，质地细腻、颜色柔和、石纹明显；轻微撞击，声音清脆悦耳；手掂有沉重感，明显区别于其他石质。

3 | 翡翠B货的鉴别

翡翠B货目前在市场上最多，在很多大型百货、珠宝店和超市都很容易看到，旅游区则差不多都是B货。翡翠B货最起码的前提它是翡翠，只是翡翠B货是用质地很差档次很低的翡翠"漂白酸洗"再"充胶"而成，它有着与翡翠A货相同的折射率、硬度（摩氏硬度6.5～7，很多卖B货的商家用B货划伤硬度只有5的玻璃以表明其是"真货"。其实A货和B货都能轻易划伤玻璃，而且硬度测试属于有损鉴定，在成品珠宝的鉴定中不宜采用，通常只在没有加工的原石或者矿物鉴定）和重叠的密度，因此折射率、密度、硬度这三项对区别A货和B货是没有作用的。应该从以下几个方面鉴定。

（1）颜色方面

漂色过的翡翠，它的颜色大多显得较鲜艳，不太自然，有时会使人感到带有黄气。

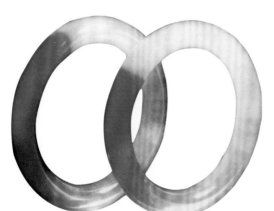

◁ **翡翠手镯(一对)　清代**

（2）光泽方面

具有树脂的光泽，未经处理的天然翡翠，呈现的是玻璃一样的光泽。翡翠B货时间一长则会因为"胶"的老化而变得光泽暗淡、整体干裂而易断裂，但随着处理技术的不断发展，现在很多B货存放三五年光泽也不会变暗淡，而且在佩戴初期因为人的皮肤摩擦看起来甚至还有光泽变好的错觉。许多翡翠B货看起来往往都比较干净而无瑕疵，光泽暗淡（洁净及良好的透明度可能会给人光泽好的错觉，但因其有机充填胶的存在，其光泽肯定比翡翠A货差），结构松散无翠性。

△ **翡翠钻石胸针**

△ **翡翠佛手大摆件**

60毫米×600毫米

（3）结构方面

翡翠B货结构显得松散，有晶体被错开、移位，证明晶体结构受到破坏。在实验室鉴定，主要就是放大看其内部结构，A货有粒状纤维状交织结构，而B货因结构受酸洗变得松散，但松散的结构常常又被充填的树脂很好地掩盖了。

（4）比重方面

B货会比原来没有经处理的同种翡翠轻一些，但这并非绝对的，因为每件翡翠本身的比重也是不同的，因此只能作为参考。

（5）紫光灯下的反应

普通B货在紫光灯下具荧光性，但引起荧光性或压制荧光性的因素较多，因此使用荧光灯观察宝石或翡翠的荧光性时，不能机械地使用。通常经处理的翡翠内灌有环氧树脂，而环氧树脂大多具有荧光性，可以作为一种参考的资料。有的B货也看不出荧光性，所以要根据其原来的颜色详细分析方能作出结论。

△ 纯净玻璃种无色翡翠穿雕龙凤佩
50毫米×40毫米

△ 树叶吊坠
32毫米×20毫米

△ 天然翡翠绿叶挂坠
约57.72毫米×45.55毫米×8.95毫米

（6）用显微镜观察

这是最可靠的鉴定方法，在放大30～40倍的显微镜下观察翡翠的晶体结构是否遭到破坏，也就是人们常说的玉纹是否遭到破坏。若遭到破坏，就可以证明这是经过人工处理的翡翠，有的还能看到里面存在的树脂，当然观察鉴定的人必须对翡翠的原生结构有完整的了解，才能做出正确的评判。

（7）用特制的红外吸收光谱仪鉴别

这种特制红外吸收光谱仪，能够测出翡翠中是否含有环氧树脂，从而鉴定所检测的翡翠是否是B货。这是因为含有环氧树脂的翡翠与天然翡翠的红外线吸收光谱，图像明显不同。对于那些做工极为逼真的B货，只能用红外光谱仪检查，通过观察是否有"胶"的吸收峰来判断是否有过注胶处理。在2003年10月中华人民共和国国家标准GB／T16552—2003（之前国内执行的是GB／T16552—1996，以下简称"旧国标"）颁布以前，翡翠B货的旧国标定义是要注胶的才算是B货，漂白酸洗被定义为优化，也就是说只漂白酸洗不注胶的翡翠仍然被旧国标定义为A货，这使很多不良商家因此钻了空子。令人欣慰的是新的国标（GB／T16552—2003）重新定义了翡翠B货，认定只要是漂白酸洗过的翡翠都可以定义为翡翠B货。

（8）声音

对翡翠品质及等级之鉴别，古有明训六字诀："色、透、匀、形、敲、照"，为玉器行业常挂在嘴边的座右铭，其中"敲"在鉴别B货中用处更大。因为"充填胶"的存在，对用硬物敲击翡翠B货手镯时通常发出沉闷的声音，而敲击A货手镯时大多数会听到清脆的声音。当然，这

△ **翡翠扁口手镯**

直径60毫米

此手镯扁口式，以优质翡翠为材，翠色自然，质量上乘，做工精细，十分漂亮。

△ **翡翠A货手镯**

直径60毫米

此手镯为天然A货翡翠制作而成，做工细腻，翠质优良，色泽自然艳丽。

△ **翡翠紫罗兰手镯**

直径70毫米

△ 翡翠花青种手镯

直径55毫米

此手镯选用花青种翡翠雕琢而成，翠质上乘，翠色艳丽，工艺精细。

△ 翡翠手镯

△ 翡翠手镯

直径60毫米

定只能是辅助性的，不能据此做结论，现在已经有用特别充填胶做的B货敲击时同样声音清脆，而质地较差或者有裂的翡翠A货，敲击时声音反而不怎么清脆，同样质地没有裂的翡翠A货手镯，条子扁型的敲击时比圆型的更清脆。而且敲击也要讲究技巧，不能用手直接接触被敲击的手镯敲，这样会让所有手镯的敲击声都变得沉闷，要用细线或细绳吊住手镯敲。

（9）用盐酸试验

将纯盐酸滴一小滴在未经处理过的翡翠上，观察数分钟（1～20分钟），会有许多小圆汗珠围着小滴处。当以同样的方法测试漂白注胶翡翠时，则无该现象。注意，在干热的地方，特别是在冷气房做这种测试，因盐酸会在看到反应之前蒸发掉，因此必须不断地滴盐酸。

（10）红外线光谱仪

这种设备通常在研究或学术机构才有，价格昂贵且不易操作，一般珠宝鉴定实验室会有此设备。这种设备对鉴定翡翠是否经注胶处理、最具准确性。

另外，民间也有用头发绑在玉上烧以鉴定翡翠真假的方法，这种做法既不科学也很难操作。如果操作得好，只能区别导热性明显不同的两种物品，比如塑料和翡翠，绑在导热性差的塑料上的头发一烧就着，而绑在导热良好的翡翠上的头发被烧时热量会迅速传到翡翠上而不被烧着。但若稍微操作不当，绑在翡翠上的头发也很容易被烧着。再者，翡翠A货和B货的导热性相差无几。充填进的胶对翡翠B货的导热影响很小，若充填导热性比翡翠还高的胶，其导热性理论上甚至还会提升，所以普通消费者最好不用这种方法鉴定翡翠是否是B货。

4 | 翡翠C货的鉴别

若用器械鉴定，C货的鉴定比B货鉴定相对容易。我们先了解A货翡翠的致色原理：铬是翡翠产生绿色的主要致色离子（铁本身也产生灰绿色调），绿色翡翠A货的吸收光谱表现为在红区的690纳米（强）、660纳米（中）、630纳米（弱）吸收线，染成绿色的C货的吸收光谱表现为在红区650纳米附近有一明显吸收带。翡翠早期大多采用成本很低的铬盐染色，用查尔斯滤色镜（也称"翡翠照妖镜"）观察会呈现红色，而A货在查尔斯滤色镜下依然表现为绿色，因此一镜在手就很容易分辨A货还是C货，但这种铬盐染色的C货制作法现在基本没有人用了，现在用有机染料染色的C货在查尔斯滤色镜下和A货的表现相同，"照妖镜"在这种C货面前毫无效果。所以在查尔斯滤色镜呈红色的翡翠肯定是C货，而呈绿色的就还需进一步鉴定才能做判断。看结构始终是最好的方法，不过这也是有经验的鉴定师才能较好地掌握，C货的绿色大部分均匀而呆板缺乏"灵"气，颜色绝大多数都靠边，粒状显示没有色根，染上去的颜色都会延裂缝分布。C货的绿色时间长

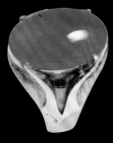

△ 天然翡翠戒指

◁ 白金镶翡翠蜻蜓胸针

40毫米×28毫米

此枚胸针造型为蜻蜓样式，优美漂亮，白金镶嵌为主，翡翠艳绿大方，形制优美，工艺大器，十分漂亮。

▷ **翡翠手镯**
直径80毫米

△ **翡翠珠链说**
　由164粒翡翠珠串成双串珠链，串珠颜色翠绿，色满均匀高贵而含蓄。配镶有3粒钻石的14K白金长方扣。翡翠珠粒直径7～8.66毫米。

会泛黄色，用光阳照反应会更快。另外，市场上也有很多染成紫色和褐黄色的C货，它们的鉴定用分光镜毫无用处，只能看结构。在实际鉴定中，会发现有些人在手镯的表面残留了一些绿色的抛光粉（氧化铬），数量不多，会使本来没有色或者浅绿色的手镯看起来更绿，用10倍以上放大镜轻易就能看出。

　C货也可以通过目测来进行。C货因为在加工过程中会破坏玉的原有结构，造成很多细微的流纹和裂绺，与翠玉天然的细微波纹截然不同。做伪者就是利用这些小裂纹把假色渗进翠玉内，因为假色由外向内渗透，所以其外表部分必然较深色，内部则较浅色。若是把C货置于10倍放大镜下细看，便可看见小裂纹处翠色很浓，而没有小裂纹处翠色便很淡、很少、很浅，甚至没有，所以在放大镜下C货的绿色是呈丝状的，翠青并非天然而均匀地浑然一体。但是这种鉴定方法对于那些处理较好的C货就很难辨别。

5 | 翡翠D货的鉴别

　翡翠D货也叫"穿衣翡翠"，镀膜的D货翡翠并不多见，只在实验室的标本和在中缅边界的流动小贩手里看到过，大多是粒度较小的戒指面，透明度很差，在怀疑的戒指面用小别针轻轻一挑，如是D货"衣"会被挑破，A货则不会，或者10倍以上放大镜仔细看，通常可以看到包装时D货相互碰撞后碰破的"衣"。

三 市场常见的翡翠造假手段

近些年随着翡翠收藏价值的提升，翡翠做假的现象越来越突出，因而受到收藏投资者的关注。

天然翡翠的开采地主要是缅甸，由于近些年大量的开采，目前一些高品质的翡翠已经很少了，市场上出现了很多经人工处理的翡翠和翡翠仿制品，业内人士称之为 B 、 C 、 D 货，而只有 A 货才是未经优化的天然珍品。

由于高档天然翡翠资源日益枯竭，因此市场上翡翠的代用品占据了绝大多数份额。目前市场上出现较多的是B货翡翠，这类翡翠透明度较差，有很多瑕疵，经过处理后的B货经常用来充当A货翡翠。

那么如何来辨别它的真伪呢？首先要了解翡翠的做假手段，主要有以下几种。

△ 玻璃种翡翠吊坠

1 | 认清翡翠假货

在翡翠行业里，天然原料加工的翡翠叫作A货。A货翡翠的颜色和透明度都是天然的；B货则是经过人工漂白、填充处理过的；而C货通常是将最低廉的翡翠原料进行人工染色；既漂白、填充又染色的叫翡翠B+C货。

判断翡翠是否为A货，最保险的方法是借助专业仪器，采用红外光谱分析法、激光拉曼光谱分析法等。

用肉眼观察B货翡翠，其光泽呆滞、沉闷，呈现蜡状。在显微镜下观察，表面有很多不规则的龟裂纹和一些融蚀凹坑。

用肉眼观察C货，可看出其色调不正常，鲜艳中带邪色，染绿色的翡翠，其绿中呈现偏蓝色。翡翠A、B、C三个品级中，只有A级翡翠才具有保值性。近几年来，中档翡翠年增值率在30%以上，高档翡翠则达到100%。

所以，只有A货翡翠才具备投资价值，而目前市场上翡翠制假和人工处理的手段越来越高，普通收藏投资者很难辨认。

A货翡翠也有性价比的问题，如何综合判断种、水、色、雕工等各个方面，从而用最合适的价格购入翡翠，是对收藏投资者的一大考验。最关键是应多读书，多积累知识，多到市场上调研学习。

2 | 用其他绿玉冒充翡翠

其赝品如马来玉、澳洲玉、河南玉（独玉）、广绿玉等，它们质地粗糙，光泽较差。

3 | 用塑料、玻璃、瓷料等制成的仿翠假货

这类假货一般较易识别。

△ **用其他绿玉冒充翡翠**

4 | 用酸长时间浸泡质量低劣的翠料

通过能使翠料发黄，变脆的铁、锰氧化物溶解，以此冒充高档翡翠。

5 | 采用注胶方法伪造

就是把一些能增加透明度的填充剂注入到翡翠的裂缝中。

6 | 高科技人造的翠玉

这是近几年才出现的。通过高科技人造的翠玉与天然翡翠十分相近，用肉眼观察易将其当成天然翡翠，只有利用检测仪器才能识辨真伪。

这类低品质的翡翠经过处理后变为颜色鲜艳的高档翡翠，但一段时间后它就会变黄、变脆。

收藏者在购买翡翠饰品时，一定要仔细观察，慎重鉴别。

如果实在不懂翡翠知识，有一个最简单的辨伪方法，就是在购买时，一定要让对方出示相关机构出具的鉴定证书。

△ 用酸长时间浸泡质量低劣的翠料

翡翠籽料的做假手法

四

目前市场上销售的翡翠原料多是缅甸河床中的大砾石，也称为籽料。翡翠籽料真伪的鉴定是整个翡翠鉴定中难度最大、涉及知识面最广、最重经验的鉴定技术。

其原因是籽料情况复杂，变化多样，真中有假，假中有真，真假难分的情况经常出现。这里总结出了翡翠籽料做假的常见类型和识别方法。

实际遇到的翡翠籽料做假可概括为以下五种类型。

1 | 鱼目混珠，以假充真

第一，以透辉石大理岩充当翡翠籽料。

比如一块翡翠籽料外观为黄白色带绿，放大观察为粒状结构，硬度为3，滴盐酸起泡。擦出绿色部分，经鉴定为透辉石。原来，该翡翠籽料实际上是一块透辉石大理岩。

第二，以角闪岩充当翡翠籽料。

一块翡翠籽料外观为黑色，似黑乌砂皮，局部带绿色，放大观察为柱状变晶结构，手掂密度比翡翠轻，经测定为2.7克／立方厘米，主要矿物为角闪石和绿泥石。绿色是由角闪石和绿泥石所致。

所以，有些所谓"翡翠籽料"，可能只是一块角闪岩。细心一点，可从密度、结构等方面确定它不是翡翠，从而避免经济上的重大损失。

2 | 粘贴碎料假皮掩盖

去掉一部分假皮后，可发现是用卵石作假，粘贴翡翠碎料假皮掩盖，充当优质翡翠。

3 | 掏心、涂色，以劣充优

用强光检查，可发现里面有艳绿色，给人外浅内深的感觉，质地细腻，像是高质量的籽料。但经仔细观察，颜色好似一块磨砂玻璃的背面涂有绿色，皮壳松软，无翡翠外壳特有的晶粒自然排列现象，显然是假皮。

用力敲打下一块碎片，可发现原来是由一些无色、质地细腻的翡翠碎料拼贴而成。将其中一片挖空，涂上绿油漆，然后黏合在一起，外面粘贴假皮，以劣料充当优质料。

在擦出绿色的部位用力敲打至表面破开，可发现原来是无色、质地较好的翡翠料，从中间挖一个空洞至表皮几毫米处，注入绿漆，用假皮把口黏合。

4 | 探孔补洞，假皮掩盖

用刀剥掉部分皮后，发现是质地较好的翡翠料，但颜色不佳。是为了探测内部情况，先钻一小洞，见色差或无色，再将该孔补盖。因开孔较小，不易被发现，欺骗性较强。

综上所述，识别翡翠籽料的做假手法有规律可寻，或是以其他岩石的卵石充当翡翠的籽料，或是将其他岩石的卵石切开后，贴翡翠片或粘贴翡翠碎粒，所谓"翡翠籽料"的主体部分实际上是其他岩石卵石，或翡翠籽料是真的，但做了假以劣充优。

五
加色及填充翡翠的识别

△ 填充处理过的翡翠

历史上，翡翠市场早就存在不法商人采用各种手段和方式对翡翠进行染色，对外表进行"净化"，对内部杂色进行消除的情况。

翡翠的三级分类或四级分类系统已经在全世界翡翠市场得到普遍应用，这套分类系统主要用于鉴定翡翠是否经过人工加色、填充或用过其他物理及化学方法"改善"外观。

A货是指不经过任何除抛光、切割、雕刻以外的方法加工的翡翠制成品。

表面处理是作伪者经常使用的一种方法。为了改善光泽，填充表面破碎和不平之处，在蜡中浸泡是伪造、加工翡翠的最后一道工序，通常用来"改良"抛光以后的翡翠成品。

B货就是为了从翡翠的界线和裂纹之间除掉褐色或者黄色，使用物理及化学方法，例如漂白、酸液浸泡等对翡翠进行处理。

由于这种加工过程会使翡翠表面产生裂缝，所以，往往将石蜡注入漂白后的翡翠，或者用聚合物树脂填充裂缝。这样做的结果是翡翠的透明度和颜色将得到很大改善。

然而，对这种作伪手段进行识别一般都需要红外线，在宝石实验室中才能进行。

在一些B货中，填充过树脂的手镯能在高倍显微镜下识别出。从20世纪50年代就开始盛行使用有机染色剂加工过的翡翠材料生产的绿色、淡紫色翡翠。

一般来说，染色作伪可以被显微镜发现。另外，在可见频谱630～670纳米的地区如能见到红色，一般认为翡翠已被染色。

另外，一些新品种的染料可以在600纳米处显示较窄的宽度。因为一些翡翠仅仅局部被染色，检查必须完全而彻底。

六
重组作伪翡翠的识别

重组作伪的做假籽料一般由翡翠贴片、主体部分、黏合部分和假皮四部分组成。翡翠贴片多是对一块原5～6毫米厚的玻璃地或水地翡翠，进行掏空（最薄处仅有1毫米厚）、涂色处理，让人从外表看起来感觉内部有绿色。

主体部分相当于正常籽料的玉肉部分，一般是用花岗岩或其他岩石做成的假"玉肉"。黏合部分可细分为三层：中间是一层锡箔纸或硬白纸，目的是为了加强反光，使翡翠贴片在强光照射下显得艳绿透亮。锡箔纸或硬白纸上、下各有0.5毫米厚的胶层，将贴片和主体黏合起来。

假皮一般厚2毫米左右，多仿造成土红色或黄色砂皮等。

重组作伪的手法主要有如下几种。

1 | 切割成多片套在一起

重组作伪的其中一种方法是将较差色、种的翡翠的半透明部分，切割成多片套在一起。其方法是：最上面用透明度较好的翡翠片做顶部，中间挖空填充绿色果冻般的物质，另用一片透明度较差但较平的翡翠片放在底部，再把几片粘在一起。

这样使得整块翡翠颜色类似高等级翡翠，为了加强强度，空洞中充满了环氧树脂，为了具有更大的欺骗性，将被藏起来的部分安装在珠宝中。

2 | 原石开窗贴上好翡翠

重组作伪的另一种方法即贴片主要用于翡翠原石的做假。将翡翠原石开窗之后，贴上一块绿色树脂片，然后用透明度好的翡翠再贴一道，这样的伪造手段在原石贸易中屡见不鲜。

▷ **翡翠手镯** 清代

直径78毫米

△ **翡翠手镯**

直径65毫米

3 | 移花接木，改头换面

　　有一种"翡翠籽料"，外观为黄褐色，似黄砂皮，呈长椭圆形，顶部开门处显大片绿色，质地细腻，以手掂之，重量比翡翠轻。

　　仔细观察，见开门处周围皮壳与下部皮壳结构不同，敲打开门处表面，有空声。用力稍大，表面被击穿，原来开门处嵌有一块涂色翡翠贴片。采用的是移花接木、改头换面的欺骗手法。

　　经红外光谱分析测定，假皮中的主要矿物为石英、高岭石和伊利石。除翡翠贴片外，其他部分为长英质岩石的卵石。

△ **细糯种翡翠手镯**

内径55毫米

△ **翡翠手镯**

4 | 做假门子两面贴片

有三块"翡翠籽料",开门处均见绿色,质地细腻,放大观测,为变斑状交织结构,确实都像质量较好的翡翠。

但进一步仔细观察,能发现一些可疑之处:一块开门处表面风化的黄色裂隙被外皮截断,另外两块开门处大片和小片的绿色、形状有别。这些样品外皮都没有晶粒自然排列,质软,不像翡翠籽料皮壳。

经红外光谱分析测定,一块皮壳主要由白云石组成,另有少量绿泥石,含有有机物。

X射线粉晶分析表明,另一块皮壳的主要矿物为方解石、白云石、硬玉和黑钨矿等。

还有一块皮壳的主要矿物为石英、硬玉和黑钨矿等。显然是人造的假皮。经去掉部分皮后观察,这三块都是将卵石切开,贴上翡翠片,用假皮掩盖,充当优质翡翠籽料,欺骗购买者。

5 | 拦腰斩断两面贴片

开门处均显绿色,质地细腻,具变斑状交织结构,确实是翡翠无疑。

但仔细观察,可以发现开门处大片和小片的绿色形状有别,不像是由一块原石切开的。且发现其皮壳松软,无翡翠外壳特有的晶粒自然排列的现象,确定为假皮。

去掉一部分假皮后才发现,原来是一块卵石,切开后两面贴上翡翠片,然后以假皮掩盖,充当优质翡翠籽料,欺骗购买者。

第六章

翡翠的投资技巧

翡翠市场的行情

近几年翡翠市场的行情趋势

2009年5月卖价为5000多元的冰种佛挂件，到2010年4月已卖到1万元。近20年来，翡翠的原料价格每年都在上涨，上涨幅度基本在10%左右，2010年上半年涨幅更高，仅仅半年涨幅就达到三四成。

人们都说，股市熊了，楼市悬了，翡翠市场却越来越热，成为不少人的"另类"投资渠道。

据媒体报道，北京市民刘小姐于2005年花了5万多元钱在云南买下了一只玉镯，2013年有人看中了，当场出价40万元，刘小姐回忆说："我听了这个消息后，真是吓了一跳，翡翠居然上涨得这么厉害。"

和刘小姐一样被翡翠"吓"到的还有罗先生。2004年他在北京菜百购买了一款"中上档次"的翡翠手镯，当时市价为88 000元。2013年这款手镯被人以80万元的价格买走，张先生盈利70余万元。

由于原材料价格上涨和资本的介入，翡翠市场近几年涨势凶猛。2010年以来，由于股市不景气、房地产市场调控明显，大量资金进入翡翠市场，加上原产地的上等毛料供不应求，从2009年年底开始，5个月内，翡翠价普涨30%～40%，最高涨幅超过五成。

据翡翠专家介绍，过去20多年来人们对翡翠的开采量，相当于300年来开采量总和的10倍。缅甸是世界翡翠的大本营，全世界超过90%的翡翠产于缅甸，但近年来高档原材料的开采已近枯竭，因此再过20多年，缅甸可能将无翡翠可开采。

翡翠变身"疯狂的石头"，原料的紧缺是造成翡翠成品价格上涨的主要原因。在翡翠原料产地，不乏一些从股市、楼市撤出的资金流入，一些翡翠原料被大量收购，而作为加工企业却无力购买，这也造成了翡翠成品价格的上涨。

翡翠的后市升值空间被众人看好，但新手想进入这个行业仍需谨慎。

如果只是普通的翡翠爱好者，可以花个几百元、几千元，买一件自己心仪的翡翠挂件、手镯用来把玩。如果是以投资升值为目的购买翡翠，投资者在购买前一定要认真比较，只有真正的收藏级翡翠才可能获得后市巨大的利润空间，但真正的收藏级翡翠不到全部翡翠的万分之一。

随着玉器投资市场的日益升温，一些不良商家趁机以假乱真，不懂行情的新手极不乏有可能被骗。所以收藏者购买翡翠时一定要到专业的珠宝银楼购买，以防购买到一些质地较差的翡翠或者经酸洗、填充树脂、加色等处理后制成的B、C货。同时在日益升温的市场行情中，投资者还要准确地把握入手时间和在什么价位上出手等问题。

△ **翡翠雕祥纹香囊**

二
翡翠持续升值的原因

为什么翡翠会持续升值呢？主要有如下原因。

1 | 原料紧张，资源面临枯竭

翡翠能持续升值主要是因为原料紧张。翡翠的形成需要上亿年，属不可再生资源。所以，资源的不可再生性，使得翡翠越来越贵。

目前，世界范围内具开采规模的宝石级翡翠出产地只有缅甸，自20世纪80年代后期缅甸将翡翠矿区收归国有以后，开采量日益增大，资源面临枯竭。

意识到这一问题后，政府采取了许多限制性措施，比如规定点炮费（开山炸石）每次2万~3万元、抬高竞价和限制产量等，翡翠价格一路走高。

原料紧张对中高档市场影响较大，因为一般中高

△ **天然翡翠"熊猫图"原石（正、背面）**

▽ **翡翠手镯**
直径60毫米

△ **翡翠手镯**
直径70毫米

档产品的主要价值就在于翡翠本身，手工成本占比较低，而中低档产品通常是质量一般的原料配合巧妙的雕刻技艺，手工成本占比高，这也是中低档产品升值速度慢于中高档产品的原因。

现在国内市场对翡翠需求很大，缅甸矿区的资源却已渐渐枯竭，中国香港等地区的中高档收藏级翡翠都开始回流，以应对内地市场供不应求的局面。

△ **翡翠娃挂件**

76.64毫米×43.7毫米×14.9毫米

2 | 翡翠流通很频繁

物质品的流通是体现保值和增值的最基本要素，翡翠也不例外。近年来，翡翠的流通非常频繁，各地的翡翠白玉拍卖此起彼伏，导致了翡翠的进一步增值。很多投资者参与流通的目的不仅是保值，还有买进卖出的增值。

△ **翡翠钻石吊坠**

56毫米×36毫米

△ **翡翠钻石弥勒吊坠**

42毫米×45毫米

△ **翡翠钻石吊坠**

44毫米×29毫米

△ **指日高升翡翠挂件**
约51.80毫米×36.80毫米×6.30毫米

△ **翡翠关公挂件**
约50毫米×35.88毫米×6.12毫米

3 | 审美的需要

　　爱美是人的天性，而翡翠的装饰性极强，佩戴翡翠首饰可以达到修饰、美化的目的。

　　翡翠自田其蕴含东方文化的灵秀之气，有着"东方绿宝石"的美誉，被世人奉为最珍贵的宝石之一。

　　翡翠色彩、种质、形态多样，大小不一，这就为其提供了广阔的美化空间。可以说，每个人都可以根据自己的形象特征、性格特点找到适合自己的翡翠饰品。

　　从一个人佩戴的首饰可断出这个人的品位和身份。身穿美丽高贵服装的女士，无不佩戴首饰。翡翠饰物更是中国人不可缺少的首饰，所以有一定经济条件的人，一定会通过翡翠类首饰装扮自己，表现自己。

△ **翡翠手镯**
57毫米×16毫米×7毫米

△ **翡翠手镯**

55毫米×12毫米×7毫米

△ **翡翠螭龙挂件**

高52毫米

4 | 情感的需要

△ **天然翡翠戒指**

　　赠送翡翠给他人也是表达感情的一种方式。翡翠是最好的礼品选择之一，因为它具有非同寻常的意义。中国人对翡翠有着特别的感情，翡翠所蕴藏的丰富的人文精神及文化内涵完全可以寄情寓意。

　　翡翠饰品既是物质产品，又是精神产品，所以人们购买翡翠常常是为了表达感情，翡翠一直以来就含有活力、健康、富贵、长寿的寓意，越来越多的人将翡翠作为礼品，以此来表达美好的祝福。

　　翡翠象征感情的坚贞不渝，夫妻之间可以用它来表达天长地久的爱情，父母可以用它表达对孩子的关爱，子女可以用翡翠寿桃来祝福父母健康长寿等，不同的人都可以通过翡翠表达感情。

5 | 陶冶情操的需要

　　藏玉玩玉，可陶冶情操。中国人自古就有戴玉、玩玉、藏玉的习惯，且善于领略玉的含蓄、温雅、灵秀以及君子之风。翡翠所表达的不仅是平安和吉祥，更重要的是传达这样一种信息，即君子佩玉，随"玉"而安，此即玉之精髓要义。

△ **大肚佛吊坠**

36毫米×36毫米

△ **寿桃吊坠**

36毫米×28毫米

△ **翡翠手镯**

直径60毫米

△ **翡翠手镯**

直径60毫米

▽ **翡翠迷你茶壶组（8件）**

壶高约55毫米

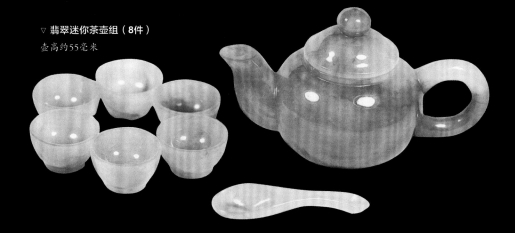

6 | 市场巨大，有无限空间

翡翠产自缅甸，但主要市场却在中国。从数量上看，90%的翡翠原料被中国内地买家买走，80%的原材料在中国内地加工销售；从质量上看，中国正逐渐成为全球高档翡翠的主要消费市场。云南仍然是中国最大的翡翠原石和制成品的集散地。

目前，国内翡翠市场已形成了比较完善的产、供、销三级体系，先后出现了一批成熟的、有特色的翡翠加工基地与交易市场，其中有代表性的如广东的广州、揭阳、四会、平州，以及云南的瑞丽、腾冲、大理，另外广州番禺已成为全球最大的翡翠加工基地，苏州、扬州、上海、北京这些传统的玉器加工基地也正在复兴。

这些翡翠加工基地成为翡翠收藏者最心仪的地方。如广东揭阳市东山区阳美村，有百年的玉器加工历史、几乎家家户户都因玉而富。在首届中华阳美（国际）玉器节上，有来自我国内地以及缅甸、泰国、印度尼西亚、美国、中国香港、中国澳门、中国台湾等国家和地区的珠宝玉器界同行400多人参加了开幕式。

零售市场上，基本形成了一个以品牌翡翠为主，以大中型综合商场、专卖店为主要销售渠道的市场雏形。

△ 阳绿冰种如意观音

65毫米×40毫米×11毫米

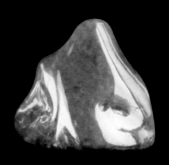

△ 满绿原料

44毫米×40毫米×22毫米

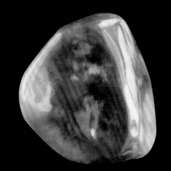

◁ 黄加绿翡翠原料

53毫米×47毫米×36毫米

△ 冰种如意观音

50毫米×30毫米×7毫米

△ 岱岳奇观

△ 含香聚瑞

△ 群芳揽胜

7 | 易保存、易浓缩和转移资产

翡翠的上升高峰随着国内经济的腾飞而到来。从翡翠自身的特点来看，它与字画和古籍相比，更易保存，与古家具相比，更易浓缩和转移，而且翡翠的储量非常有限，特别是上档次的翡翠就更加稀少了，高档翡翠的价值基本不受市场行情波动的影响，与其他收藏品相比，它的价格更加稳定且升值明显。

8 | 无替代品

　　翡翠的人工合成在技术上还远远不过关，合成品和天然优质翡翠相差甚远，因此无替代品可言。

△ 糯冰种翡翠观音摆件

△ **翡翠弥勒**

高380毫米

▷ **翡翠钻石胸针/项坠**

9毫米×5毫米

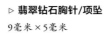

◁ **四海腾欢**

9 | 艺术价值高

　　好的翡翠雕刻品都是靠手工一件一件雕刻出来的，每一件都要根据原料的质地、颜色等独自设计，不能像磨钻石一样机械化地加工琢磨。由此可以看出，翡翠也凝结着艺术价值，因此具有很强的保值性。

△ **翡翠鹅首带钩　清代**

长90毫米

△ **翡翠观音**

高720毫米

△ **翡翠雕瓜形壶　清代**

翡翠质，质地细腻，子母口相扣，壶身圆鼓腹，圆口，短颈。壶身两正面各浅浮雕瓜果纹，雕工精湛，包浆莹润。壶以流畅、圆润为主题。重在体现翡翠的天然质地，而腹部一隅巧色浮雕装饰，可谓匠心独具，由此为本件作品更增添了一分美好的寓意。

△ **阳绿冰种如意观音**

65毫米×40毫米×11毫米

10 | 具有投资保值性

人们选购翡翠目的各有不同，对大多数中国人来讲，不论男女老少都很喜欢翡翠，这是因为购买与收藏翡翠，就意味着投资升值。不断升值的翡翠诱惑着人们争相购买，进行收藏投资，形成了涨者恒涨的循环状态。

就投资保值而言，翡翠比其他任何宝石的投资价值更高，增值更快。从近年来国际拍卖行的记录来看，好的翡翠拍卖价越来越高。好翡翠产量少，而需要好翡翠的人越来越多，供求关系将更加紧张，导致价格不断攀高。

当然，为了投资保值，一定要购买天然的A货翡翠，特别是高档品种。

最后，翡翠不断升值的神话，还因为早期翡翠并不名贵，身价也不高，不为人所重视，所以后期能够不断升值。

乾隆的重臣纪晓岚（1724—1805）在《阅微草堂笔记》中写道，"盖物之轻重，各以其时之尚无定也，记余幼时，人参、珊瑚、青金石，价皆不贵，今则日昂。……云南翡翠玉，当时不以玉视之，不过如蓝田乾黄，强名以玉耳，今则为珍玩，价远出真玉上矣"。

由此可知，18世纪初，翡翠不被认为是玉，价格低廉，至18世纪末，翡翠已是昂贵的珍玩了。

另据《石雅》中记载，20世纪初翡翠石子每百磅（约45千克）值11英镑。翡翠石子中不乏精华，当时价格也很贵，但与现在1 000克特级翡翠值七八十万美元相比，简直是小巫见大巫。

△ **翡翠缠枝莲纹瓶（一对）　清晚期**

高280毫米

　　老坑翡翠为材，规格大，立体圆雕。成对形制，保存良好。扁平形，瓶身外壁浅浮雕繁密的缠枝莲纹，肩部置一对蕉叶耳，引人注目，内置活环。有盖，呈覆盏式。

△ **紫罗兰翡翠葫芦耳坠　唐代**

13毫米×8毫米×6毫米

▷ **翡翠菊纹簋式香炉　清代**

125毫米×205毫米

　　此件作品为缅甸老坑翡翠，种头好，色泽艳，乃一流材质。规格大，立体圆雕。炉身呈簋式，内挖精细光润，外壁雕饰菊瓣纹，两侧置一对朝冠耳。盖子口，呈覆置的豆形，亦饰菊瓣纹。整器尽显天然翡翠亮泽的种头和美丽的色彩。

三
翡翠投资的心态

△ **翡翠灵芝坠　清代**
长50毫米

翡翠投资市场风云变幻，投资者要有好的心态，泰然处之。

投资市场从来都不是理性的，总会受到投资者群体情绪的左右。投资者只有保持平常心，才能够做出理性的选择，成为市场的赢家，否则，就会败于自己的欲望。市场狂热的时候，诱惑的噪音随处可闻，在这种时候，只有保持平常心的人，才能够避免受到引诱和误导。

作为翡翠投资者，不能也不该对翡翠投资报以太高的财富"膨胀"期望，而应当以平常心看待参与，要充分认识到，翡翠投资并非是一夜暴富的发财工具。

翡翠投资只是个人生活的一部分，购买翡翠之后，还是一切如常的好，完全没有必要将所有的精力投入其中。若能一开始就坚持平常心态进行投资，而不是怀有强烈的收益期望，才能够轻松地把玩翡翠，体会翡翠的美感，而这样的投资行为往往能在最后给人一份意外的回报惊喜。

△ **翡翠连年有余牌饰**
45毫米×27毫米×7毫米
品相饱满，以翠绿色为莲叶，白色为藕，喜鹊登枝报喜。

△ **翡翠手镯**

△ **翡翠手镯**

翡翠投资的误区

△ 高冰笑佛

43毫米×48毫米×10毫米

　　收藏者对翡翠有偏好，却因为市场上的"鱼目混珠"而不敢轻易购买。目前迷惑收藏者的主要是B货翡翠和染色石英岩。此外，有些收藏者在翡翠收藏的认识上，还需要识别市场误区。

　　收藏者的误区主要表现在如下几点。

1 | 不变色的是A货

　　有人购买翡翠时把重点放在观察颜色上，认为不变色的翡翠就是A货。其实，一些染色翡翠可以保持鲜艳的色彩长达10~20年。而一些翡红色或者翡黄色的翡翠反而可能在比较短的时间变色，主要是因为翡翠内部化学元素的变化。所以，辨别时不能以是否变色来判断翡翠是否为A货。

▷ 玫瑰金镶翡翠弥勒佛挂件

长35毫米

◁ 翡翠镶金巧雕如意观音像　清代

高190毫米

　　此观音立像以整块上等翠料圆雕而成，翠色莹润，水头较好，透闪玻璃光泽，质地温润，雕刻细致。菩萨头顶螺发，眉似弯月，双目下视，面容祥和，身着曳地襦裙，轻柔飘逸，垂坠自然，手持如意置于腹前，身姿流畅自然，手足刻画细腻。通观整器，雕工精细，比例匀称，线条流畅，抛光均匀洁净，体量大，十分罕见，既呈现出了观音的美丽形象，又具有极佳的艺术效果，是一件有较高收藏价值的翡翠玉雕作品。

2 ｜ 雕刻越复杂就越值钱

翡翠制品并不一定是雕刻越复杂就越值钱，反倒是越简洁，价值可能越高。

这是因为一些戒指面、手镯等素面饰品对原料和成品的要求比雕件高，原料通常不能有明显裂纹，成品的轮廓、对称性、长宽的比例、厚度和弧度等也要适宜，而有些挂件或摆件雕刻得很复杂，就有可能掩饰部分裂纹或其他瑕疵。

3 ｜ 只投资绿色翡翠

翠绿色的翡翠是A货翡翠中的上品，但并不是所有的翡翠都是绿色的，有一种翡翠由于受到铁质的浸染，会形成鲜艳的"翡"色。这样的翡翠如果透明度高、质地好，也有很高的收藏价值。

4 ｜ 工艺越复杂越好

"简单才是美"，很多质地上乘的翡翠往往被做成很简单的手镯或者戒指面而不加雕刻；而一些有杂质或者裂隙的翡翠往往被能工巧匠雕刻成人物或者场景以掩盖天生之不足。

5 ｜ 翡翠越老越好

很多收藏者都讲究收藏"古玉"，但是翡翠的收藏并没有古今之分。翡翠在明清时期才进入中国，由于当时翡翠原料不多而且鉴别能力差，所以年代较久远的翡翠，质地反而相对较差。

△ **翡翠手镯　清代**
外径81毫米

△ **翡翠金蟾灵芝牌**
高54毫米

△ **翡翠手镯**
直径70毫米

△ **翡翠手镯　清代**
直径78毫米

△ **翡翠手镯**
直径70毫米

△ 翡翠手镯 清代

直径85毫米

△ 翡翠珠子项链

长400毫米

△ 太平万象瓶（一对）

高250毫米

◁ **翡翠手镯（一对） 清代**

这对翡翠手镯共两件，翠质油光冰透，颜色艳绿，玻璃地，大小薄厚统一均匀，器型规整，保存完好。翡翠质地坚硬，在琢磨后光滑油亮，通体透绿者为最佳。

6 | 越稀有的越值钱

天然矿物有时候会形成一些很特别的图案，例如有些矿物会排列成类似动物或者山水的形状。一些收藏家往往把这种翡翠当作稀世珍品加以炒作。实际上，除了稀有之外，这种翡翠还要符合美学原则，同时还要具备质地好的条件才真正值钱。

7 | 纸上学鉴别技术

翡翠优化处理技术日新月异，而书本上的知识往往滞后。如果按照书上的鉴别方法购买，却买到了B货或者假货，可能是因为市场发明了新的处理技术，但还没来得及被总结到书中。

8 | 绿色越均匀越好

市场上往往会看到一些通体翠绿的翡翠，颜色鲜艳而且分布非常均匀，实际上，这样的翡翠大多是假货。翡翠的内部是由颗粒状的矿物集合而成，因此它的绿色是局部分布的，绿色和非绿色之间会有界限。

9 | 价格低的翡翠升值空间更大

在某些古董收藏投资上，可能价格低的古董风险小，升值空间大，若将此观点用在翡翠收藏投资上就错了。因为翡翠的投资升值规律与此论恰恰相反。

一般来说，高档翡翠价格昂贵，但是升值空间也最大，具有极大的收藏和欣赏价值。一件20年前几百元的绿色冰种翡翠，现在可能升值为十几万元甚至更高，而同样是一件20年前10元左右的普通翡翠挂件，至今可能仍然只卖10元左右，甚至再传几百年也不会有什么升值空间。

10 ｜ 雕刻工艺无关紧要

现在不少人对翡翠玉器的选择还停留在以价格为先的认识上，稍微懂点翡翠知识的朋友也是以质地粗细来判断其价值，而忽略了翡翠玉器的雕刻工艺。一件雕工收费100元和一件雕工收费1000元的翡翠玉器是不能相提并论的。

△ **天然翡翠（零猴献寿）配钻石吊坠**
24毫米×19毫米×9毫米

例如，书画的材质是纸，在纸上成生的画面才是这幅画的结果，价值也在这画面上。给不同的人看，结果是迥然不同的。收藏家视为至宝，不懂的人认为不过就是一张纸，画工的价值，表现在翡翠上面，就是雕工的价值。

其实，经过工艺美术大师雕刻的翡翠，尽管其材料质地一般，但比起质地优异的普通雕刻师雕刻的翡翠作品来，价值往往要高出很多。

△ **翡翠手镯**
直径50毫米

五
翡翠投资的原则

投资翡翠的一般原则是新入门的收藏投资者最关心的问题。对于普通大众来说，投资收藏翡翠时要注意遵循以下原则："真、精、全、稀"。

1 | "真"就是要明辨真伪

谁都知道，收藏品市场往往鱼龙混杂，如果不小心买到假货，不但会失去赚钱的机会，可能连本也得赔进去。所以，购买的翡翠最好是经过国家权威机构鉴定和检验的，目前，很多地方的地矿局都会提供这种鉴定服务。

2 | "精"就是要选择精品

投资上等翡翠获利的可能性更大，不过，对于中小投资者来说，可能无力问鼎一些顶级的拍品。但在相同或相似的价位下，也应尽可能挑选品质较好的翡翠，这就要考验投资者的眼光了。所以投资者平时应多做功课，不断提高鉴别能力。

△ **翡翠如意花件**

34毫米×12毫米×57毫米

此件如意花件为双色翡翠，整器绿色部分翠色阳俏，白色部分冰透温润，属不可多得的佳品。

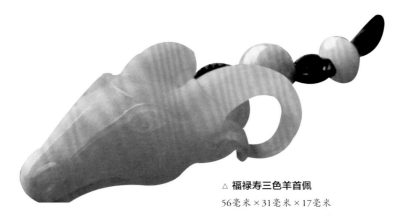

△ **福禄寿三色羊首佩**

56毫米×31毫米×17毫米

3 │ "全"就是没有瑕疵和破损

同一块玉料做出的成品，有瑕疵的和没瑕疵的会存在很大的差价，就算是通过修补手段如镶嵌金银等方法，瑕疵仍然不可能被掩盖住，而致使卖价大打折扣。

4 │ "稀"就是"物以稀为贵"

当你发现稀有品种的时候，一定要抢先收藏。如上所说，翡翠中最有价值的颜色是绿色，但当一块翡翠中同时具有黄、绿、紫、白四色，即寓意福、禄、寿、禧，就是价值连城的稀世珍宝了。

除了"真、精、全、稀"的准则外，投资翡翠还要坚持长线投资，要有一个长期的投资计划，因为这类投资往往不是立刻就能有回报的，需要时间。

需要提醒的是，投资翡翠具有一定风险。虽然翡翠的投资前景广阔，但它属文化消费，价格受很多不确定因素的影响，比如市场环境、消费者的认知程度等，而且目前国内银行还没有玉器抵押业务，流动性较低。

同时，翡翠的投资对鉴别能力要求很高，购买到假翡翠或者价格炒作得太高的翡翠，都有可能遭受损失。

此外，翡翠跟股票、债券这些投资品种不一样，它不能产生红利，只能通过交易来获利。所以在投资翡翠之前，应仔细评估自己的风险承受能力，在刚开始投资收藏翡翠的时候一定要多学、多看，经常到市场上接触不同的玉石，先积累经验再进行投资，切忌盲目跟风和炒作。

△ **翡翠珠链**

由59粒翡翠串成单串珠链，并配一14K白金扣，翡翠直径约为8.34～10.38毫米

此件翡翠牌为紫罗兰种地，色泽自然，雕有布袋和尚纹饰，纹饰精美，线条流畅，工艺大气。

六

投资回报率较高的翡翠

投资翡翠，就要选择投资回报率高，最具升值潜力的收藏级翡翠成品。

所谓收藏级翡翠，就是在用料形状周正、饱满完整的前提下，兼具细腻温润质地、鲜艳均匀绿色、精致考究工艺的翡翠，这样的翡翠才是投资回报率较高，最具有收藏价值的。

要想收藏的翡翠保值和升值，首先必须做到宁精勿滥，应当挑选品质上乘和珍稀的高档A货翡翠，为什么呢？

这是因为，翡翠主要产于缅甸及附近地区，它作为一种宝石矿藏，具有不可再生性，现如今，由于开采过度，资源日益枯竭，供需失衡，翡翠的投资价值便日益显露出来。近三十年来，翡翠的价格迅速上涨，越是高档A货翡翠，上涨的幅度越大。因此，可以说，翡翠高档A货是投资回报率较高的翡翠种类。

△ **翡翠玉米瓶**

高120毫米

△ **翡翠儿童手镯（一对）**

　　此外，有业内人士建议，在收藏投资翡翠时，若资金雄厚，可将经典成套首饰或艺术品摆件等作为首选品种，以获得高回报率，此类所需资金从数十万元到百余万元不等；而资金有限的中小投资者，可以选择单件或小套件首饰，所需资金从千余元到数十万元不等。

△ **翠玉夔龙纹香炉　清代**
高160毫米

△ **翡翠龙瓶**
长110毫米

▷ **翡翠螭龙瓶**
高95毫米

△ 翡翠原石

△ 翡翠原石

△ 剖开的赌石

△ 翡翠原石

七 翡翠赌石技巧

过去，赌石通常都是在云南瑞丽，如今，赌石已经走进很多都市和地区，这从另一方面说明了翡翠收藏热的情况。

所谓赌石，就是用璞玉来赌博。简单地说，谈玉石毛料生意就是"赌石"。买来赌石把口一开（也有开口料的），如果里面的玉质极佳，属老坑玻璃种什么的，这下子就发了。

买这块料也许只花五万元、十万元。一开口这块玉的价值陡然上升，成上百万上千万飙升。但也许花十万元或几十万元买来的一块赌料，口一开，里料的玉质极差，甚至根本是一块假货，这下就栽了。一般的花牌料，一千克才百十来元。赌石的赌性风险就在于此。

赌石有两种方式：一种是玉石没有任何切口（行语叫"开窗"），只见外皮，丝毫看不到内部；另一种是在籽料上切开一个"窗口"，窗口有大有小，让赌客通过"窗口"观察，并推测籽料内部的质量。

2009年12月25日，一块5吨重翡翠原石运到杭州，举办了一场难得一见的拍卖会，它的看点是：巨大翡翠原石重达5吨，起拍价2 000万元。

据了解，这块巨大的翡翠原石曾经雇了三头大象，花了一个月的时间才拉下山，然后又从云南远道运至杭州。

当然，浙江的翡翠玩家和投资家重点关注的还是这块大石头打开后的结果，是3 000万元、4 000万元，还是60 00万元，还是一钱不值？这才是重点。

有关赌石历史上有无数惊心动魄的故事，被风化皮包裹着的原石，切开后有可能是价值连城的"满翠"，也有可能只是普通石头。但正是这种高风险伴随高收益，才让许多人如此迷恋。

一位行内人士仔细研究了照片后认为，原石开天窗后，有几处看上去是玻璃种的浓绿，但是绿色蟒带上也有一些裂隙，因此很难说这块原石切开后会怎么样。

△ 橙黄雾翡翠石

此前，杭州有人出价4200万元，但翡翠原石的主人对此不太满意，于是在沉寂了半个月后，才终于有了12月25日的专场拍卖会。

大赌石一经推出，就有几位买家出现，有的来自物流公司，有的来自房地产公司，还有很多其他行业的。

翡翠收藏市场涌动的热潮中，赌石这一祈求暴富的疯狂投资，是最"悲壮"的景观。

早在两千年前的中国历史上，就出现了最著名的一块赌石——"和氏璧"。

△ 老帕敢场口黄沙皮

相传在当时的楚国，有一个叫卞和的人，他发现了一块玉璞（包有外皮的玉，现代也叫籽料、毛料、赌石）。先后拿出来献给楚国的二位国君，国君以为受骗而先后砍去了他的左右腿。

卞和无腿走不了，他抱着玉璞在楚山上哭了三天三夜，后来楚文王知道了，他派人拿来了玉璞，并请玉工剖开了它，结果得到了一块宝石级的玉石。这块宝石被命名为"和氏之璧"。

△ 翡翠原石

后来这块宝玉被赵惠王拥有，秦昭王答应用十五座城池来换这块宝石，可见这块宝石价值之高。这块宝石后来被雕成了一枚传国玉玺。

卞和的赌石故事演绎到清代至民国时期，翡翠行业有个行话叫"赌行"，所谓"赌行"，指的是珠宝玩家到珠宝行寻觅翡翠的一双慧眼。

从翡翠在矿山地区被采得到它经过粗加工后离开缅甸，由于种种原因，这一段过程一直被蒙着神秘的面纱。

△ 大件褐皮黄雾绿翠丝翡翠原料

△ 薄皮山石

其他宝石都不像翡翠那样有着神秘的历史。翡翠矿石在遥远的缅甸北部地区，普通人难以进入一定是原因之一。但是最主要的翡翠鉴赏专家几乎都来自中国。

东方人已经将翡翠的鉴赏发展成一门严谨的科学，但其知识主要以象形文字出现，进一步增添了翡翠不为西方所知的神秘特色。

赌石在腾冲历史悠久。进行"赌石"交易，全凭经验、眼力、胆识和运气，正所谓"谋事在人，成事在天"。交易时，卖方亮出毛石，买方便开始研究颜色、纹理、硬度等，然后开始侃价，周围通常围着一大帮看客，就像马路上扎堆看热闹一样，其中也不乏主人雇来的"托儿"。

△ 翡翠次生石

生意谈成，立即付款交货，有时，买主为了验证一下自己的眼光是否正确，可以当场把玉石剖开，这笔买卖是盈是亏便见分晓。

一块黄褐色的砾石，标价成千上万，但一刀切开，可能是价值连城的上等料，也可能是一钱不值的鹅卵石，分秒之间，输赢自现。

赌石作为一种玉石交易方式，是近十几年在中缅边界兴起的。很多从事珠宝贸易的人最初是从做赌石开始积累经验的。

△ 黑乌沙翡翠料

△ 老场口半截松花

八
不值得投资的翡翠

从投资的长远角度来看，高档翡翠升值、保值的空间更大，而低档翡翠的价格一直都未上涨，不具备收藏投资价值。

此外，有几种翡翠在市场中较为常见，但并不值得收藏。

第一种，质地不细腻、不通透的翡翠。

第二种，颜色不鲜艳、过于暗淡的翡翠，包括北方收藏家非常喜欢的"油青"。

第三种，加工工艺尤为琐碎的翡翠。琐碎的工艺通常意味着原料本身存在着诸多瑕疵，如裂、绺等毛病，因而不得不用工艺进行掩盖。

第四种，形状不够规矩、不饱满的翡翠，例如，七扭八歪的翡翠、太小的翡翠、太细的翡翠、过薄的翡翠等。这些翡翠通常因为原料不够制作规整、饱满的器物才因陋就简，故其价值也就大大缩水。

九
翡翠变现的渠道

翡翠变现的渠道有如下几种。

（1）珠宝店回收

此类变现渠道的局限性比较大。有的珠宝店只回收自己店内售出的翡翠，且价格较低。

（2）网售回收

随着网络的发展，很多交易都在网上进行，有人专门在网上回收翡翠。因此，大家可以通过此类方式将手中的翡翠变现。

（3）典当回收

典当回收的价格和市场行情有密切的关系。翡翠的行情差，典当的行情就差，有些甚至还不回收；翡翠的行情好，可能典当的价格就高些。越高价值的翡翠，典当的价格也就越高。

△ **玻璃种翡翠手镯**

直径50毫米

△ **玻璃种翡翠**

需要注意的是，通常而言，典当行不收镶嵌件，一是由于不易检测；二是因为经过镶嵌，许多尺寸无法测量，从而无法准确估计翡翠的价格；三是由于镶嵌的材质不好确定，四是镶嵌件极易隐藏瑕疵。

（4）玩家交换

翡翠玩家通常都有一个固定的圈子，在此圈子内变现翡翠，不仅需要有藏品，更要有人品。需要注意的是，通过玩家交换的方式变现翡翠，不能太在意价格和收益。

（5）拍卖会

现在很多拍卖公司每年都会举行几次拍卖会，大家可以选择适合的拍卖公司进行变现。现在很多拍卖会是无底价拍卖，不失为翡翠变现的一种渠道。

（6）寄售

若想将翡翠变现而自己又没有充裕的时间，可将藏品委托给别人代售，此即寄售。

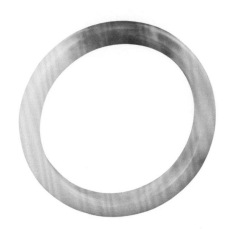

△ 高绿俏色手镯

70毫米×13毫米×8毫米

△ 冰种翡翠手镯

直径60毫米

第七章

翡翠的购买技巧

翡翠购买行话

1 | 灯下不观色

其实，任何珠宝都不应当在灯光下进行颜色的质量评定。对于翡翠来说，这一点则显得尤为重要。这是因为翡翠的颜色，尤其是闪灰、闪蓝以及油青之类的翡翠颜色，在灯光下的视觉效果要比自然光线下的颜色效果好很多。

因此，灯光下只能看翡翠的裂绺，看水头长短，看照映程度或其他特征。而要在自然光线下，才能察看和评定翡翠的颜色。

2 | 色差一等，价差十倍

色差一等，价差十倍，对于高档翡翠来说，恐怕还不止十倍。例如：一枚50万元的翡翠戒指面与一枚500万元的翡翠戒指面，翡翠在质量、样式、大小、种水上都是一等一的，无可挑剔，二者之间的价格差别关键在于绿色上的不同。如何认识和区分翡翠绿色的各种差别是极为重要的，至少要见过和经历过。

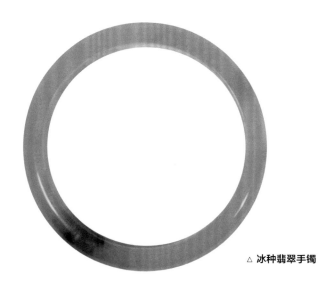

△ **冰种翡翠手镯**

3 | 多看少买

对于购买翡翠原石来说，"多看"是一个选择的过程，是一个进行比较的过程，是一个积累和验证经验的过程。"少买"不是不买，而是提醒你要"看"好了再买。

△ 水石

4 | 宁买一条线，不买一大片

对于翡翠原石中的绿色形状特点来说，"一条线"带子绿与"一大片"靠皮绿是同一种绿色形状的两种表现形式，是"线"的立性与"片"的卧性的分别。

"线"的厚度是已知的，而深度是未知的；"片"的面积是已知的，而厚度是未知的。

此言的关键在于提醒人们，不要被翡翠表面上绿色的"多"与"少"迷惑，要认清绿色"立性"与"卧性"的本质。因此，并不是说真见了有一大片绿色的翡翠也不买，而是提醒人们不要对绿色的厚度有过分的奢望。

△ 山石

△ 水石

△ 黑钨金镶白翡翠蝴蝶胸针

△ 春带彩高冰翡翠手镯

直径55毫米

△ 春带彩翡翠花生

53毫米×26毫米×18毫米

5 | 龙到处才有水

　　所谓"龙"其实是指翡翠中的绿色。也就是说：在通常情况下，无论在质地的粗细程度或者透明程度上差别如何，有绿色的部位比没有绿色部位的地子，都要好一些。

　　当然，有时翡翠绿色和地子之间的这种差别表现得就过于强烈，就像民间流传的"狗屎地子出高绿"。

　　翡翠的地子与翡翠的绿色互为依存，关系非常密切。一般来说，绿色种水好的情况下，地子通常也不会太差，反之亦然。

　　此言主要提醒人们：不要忽视翡翠绿色的特殊性。虽然不是每一个"狗屎地子"都会有高档的绿色，但是狗屎地子中是可以出现上等绿色的。

6 ｜ 无绺不遮花

《礼记》云："大圭不琢，美其质也。"事实上，高档的翡翠绿色通常也都是以"素"身的形式，来表现其自然本质的。

例如旧货中的扳指、翎管之类都属于"素活"。如果雕有花纹图案，其美丽的花纹之下必有蹊跷，故而业内流传有"无绺不遮花"的说法。现代的翡翠制品同样如此。

7 ｜ 冷眼观炝绿

所谓"炝绿"是指一种加色的"假翡翠"，这是一种老掉牙的伎俩。时下的做假手段有"冲凉""洗澡"和"镀膜"等。

当然，做假或许会逞得逞于一时，却不会永远不露出马脚。

此言是对行内人说的，是提醒人们要重视第一眼的感觉，不要放过任何疑点。因此，购买者不妨也"冷眼"一点。一定要到信誉好、有质量保证的商店去购买翡翠。

△ **翡翠原石上的绺**

二
购买翡翠的原则

上等品质的硬玉称为翡翠，"色、透、匀、形、敲"是一般人观赏或评价玉石的方法，并将玉石分为玻璃种、深色老坑、老坑、金丝、油青、豆青、花青、瓜青等。以玻璃种的翡翠为上品，而其中水分特高、透明度上佳的又叫作冰种，可以说是玻璃种中的珍品。

投资翡翠有"十二看"秘诀。

1 | 看质地

翡翠的质地很重要，行话叫作"水头、种"或者"底子"，说通俗一点，就是透明度。我们经常听到的玻璃种、冰种就是指翡翠的透明度。翡翠界有句俗话"外行看色，内行看种"，如果质地不好，玉的色泽再鲜艳，也会让人觉得暗淡无光，毫无生趣。

收藏翡翠应选购透明度较好、呈玻璃光泽的制品，但要防止购买到玻璃制品（称料件）。鉴别的要点是翡翠透光照时有部分雾状或斑状，玻璃品没有雾状和斑状，有气泡。

带绿色的翡翠，其色泽有浓淡、深浅之分，有翠点，而玻璃品色泽则基本一致。

△ 天然翡翠（双鱼）件品

23毫米×19毫米×11毫米

△ 天然翡翠（寿桃）配钻
石吊坠

34毫米×20毫米×11毫米

△ 翡翠冰种巧色龙纹牌

高65毫米

▷ 天然紫罗兰雕（龙）
△ 配钻石吊坠

△ **三彩翡翠图章**

38毫米×15毫米×11毫米

△ **三彩翡翠图章**

38毫米×15毫米×11毫米

2 | 看硬度

　　翡翠的硬度高，比中国玉、玻璃和其他玉石类都硬，可以用来划玻璃。购买时可当着卖主的面用翡翠划玻璃，如果卖主不同意，则不要轻易购买。

◁ **翡翠布袋和尚挂件**

高32毫米

　　此挂件造型优美，上等翡翠为材，雕琢有布袋和尚造型，雕刻线条流畅，刀工精美，十分难得。

△ **翡翠扁口手镯**

直径56毫米

　　此手镯为扁口式，雕琢而成，翠色自然，翠质上乘，工艺精简，十分漂亮。

△ **A货翡翠弥勒挂件**

高28毫米

　　此挂件选用优质天然A货翡翠制作而成，做工精细、周正，翠色自然、艳丽，十分漂亮。

△ **冰种翡翠"葫芦"吊坠**

39毫米×21.5毫米

3 | 看分量

翡翠比重大，掂在手上有沉重感，如果是玻璃品则有轻飘感。中国玉的河南玉比重也大，容易冒充翡翠，其色泽也接近翡翠，需综合检验。

△ **紫色翡翠"心"吊坠**

37毫米×28.5毫米

△ **巧色红翡"弥勒"吊坠**

41.5毫米×38.5毫米

△ **冰种翡翠绿叶形佩**

29毫米×47毫米

△ **冰绿如意佛**

44毫米×42毫米×10毫米

4 ┃ 看颜色

很多人都以为翡翠就是绿色的玉石，其实这是一个误区，化学成分纯净的翡翠是白色的，不过绿色翠玉是所有颜色中最有价值的。绿色越娇绿的越具收藏价值。

5 ┃ 看件品大小

一般来说佩件（佩在腰带上）面积在3厘米×3厘米左右，挂件（在颈项上）面积2厘米×2厘米左右最为适当，而摆件大小可随意。但要注意厚度，件品的厚度直接影响到透明度(俗称水头)，薄的透明度高，厚的透明度就低，一般3～5毫米最能鉴别透明度，即俗称的1分水头，有1分水头即为好。

相同品质的玉石当然是以大而厚的价格较高。

△ **翡翠钻石胸针**

12毫米×8毫米

△ **天然翡翠配钻石项链、戒指及耳环套装**

项链蛋面约19.51毫米×16.50毫米×7.65毫米

耳环蛋面约15.95毫米×13.18毫米×6.82毫米

戒指蛋面约21.43毫米×18.08毫米×8.13毫米

△ **天然翡翠珠项链**

翡翠珠粒直径约15.03毫米，

项链长约540毫米

△ **翡翠立观音　清代**
高460毫米

6 ｜ 看做工

雕件佩饰，其工夫的好坏、雕刻工艺的优劣、题材处理的象征意义都对价格有影响。

要注意观看件品的工艺雕琢，最好用4倍以上的放大镜观察。特别要注意雕琢的阳面和阴面及底部打磨得是否光滑平整，另外还要细看线条粗细是否一致、有没有断刀或重叠。手镯一类要注意观察是否有裂隙。

◁ **红翡"叶子"吊坠**
38.5毫米×26毫米

▷ **黄翡牌**
57毫米×29毫米

7 | 看透明度

硬玉内部结晶紧密的质地较好，透明度也跟着提高，我们所说的玻璃种就是这种透明度高的硬玉，如玉石本身含铬丰富则形成冰种翡翠，价值不菲而且难求。

△ **天然翡翠雕貔貅挂件**

△ **天然冰种飘花翡翠手镯（一对）**

73.29毫米×57.50毫米×8.50毫米

8 | 看色匀

除颜色娇绿、透明度高之外，还必须色调均匀，这才是上品。

△ **冰糯种翡翠观音挂件**

49毫米×77毫米

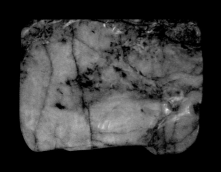

△ 翡翠的松花

9 | 看瑕疵

要注意有无裂纹、斑点等，这些瑕疵都会影响硬玉的价值。

10 | 看形状

大多数的翡翠戒指面是椭圆蛋面形的，至于其他的饰品形状则有多种，形状的好坏及美观与否对玉石的价格也是有影响的。

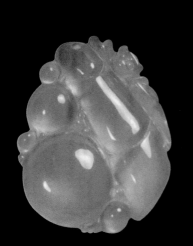

△ 冰种翡翠竹报平安挂件

长40毫米

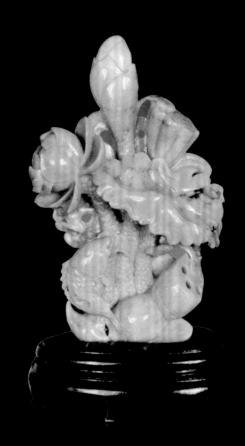

△ 翡翠雕鲤鱼闹莲摆件

高210毫米

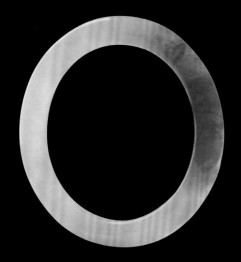

△ 天然翡翠手镯

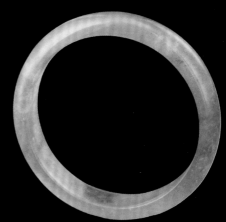

△ 高冰漂蓝手镯

73毫米×14毫米×8毫米

11 | 看光泽

除了上述几项外，光泽还要明亮，不可阴暗。

12 | 看卖家

收藏投资翡翠还要选择卖家。

市场上卖家主要有三种：专业店，价高货较真；个体古玩店，价低，但真假都有；个体摊，价低假货多，因此需慎重选择。

具体投资时，要价比多家。买家要多跑几家比较价格，只要有眼光、有耐心，一定能购得称心的翡翠件品。

三
选购翡翠的技巧

1 | 合适的光线、背景和陪衬

（1）合适的光线

　　鉴赏评翡翠适宜在自然光和100瓦的台灯光线下进行，在无法使用台灯的地方可以用一便携式手电观察翡翠的内部结构。

　　例如，在观察手镯时，需要把手镯凑在台灯罩的边沿，左手两个手指挡住手镯的另一侧边沿，让光线从手镯的内部照射过来，然后捋一圈。这样观察的好处是能将手镯里的裂隙、裂纹看得非常清楚。

　　行家在评鉴手镯时，常会使用这种方法。人说"月下美人，灯下玉"。翡翠在灯下一般会更漂亮，行家把这种现象叫"吃光"（色浓、种干的翡翠一般比较吃光），"不吃光"就是在灯下不美观的翡翠。

△ **福禄寿喜手把件**
71毫米×53毫米×30毫米

◁ **翡翠珠子项链**
珠子直径大约为10.8～12.8毫米，珠子总长度大约为420毫米

（2）合适的背景

　　背景对评鉴翡翠同样十分重要。翡翠多数是在白底上，行家在翡翠的评鉴过程中，都是以在白底上看到的效果为准。

　　通常豆种翡翠在白底上会显得比较优质，因为豆种里有许多白的小结晶颗粒，在白底上，这些白的结晶颗粒会不那么明显。观察翡翠，眼睛往往会比较重视绿色，翡翠中的绿色也会显得更绿。

△ **翡翠塔链**

最大粒12.82毫米，最小粒9.63毫米　共43粒

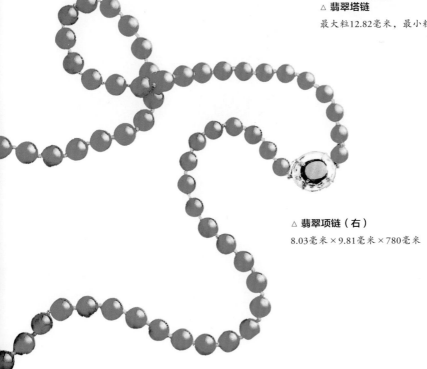

△ **翡翠项链（右）**

8.03毫米×9.81毫米×780毫米

△ **翡翠弥勒佛项坠**

40毫米×37.5毫米×8毫米

△ **冰种翡翠描金手镯**

直径59毫米

△ **翡翠双行塔珠链**

在黑色的底上，种好的翡翠会显得比在白底上更透。比如玻璃种的翡翠，尤其白色的玻璃种会显得更透，但是在黑色的底上，翡翠中的白棉会比较明显。许多商家除了会在黑底上放种好的翡翠，也喜欢在黑底上放颜色偏的翡翠。

因为如果翡翠色偏，在白底上很容易看出来，但是放在黑底上，对外行来说就是一种挑战了。

颜色很偏的绿色在黑底上会显得很绿，种也很好，收藏者容易上当。有的翡翠种很好，形状也不错，只是颜色太偏，是偏灰的绿色，对光一看颜色也很花。很明显，买的时候，这种翡翠是放在黑色底托上的，因为在黑底上种会显得特别好，又很绿。但是如果放在白底上，则不会吸引太多的注意。

很多行家在选购翡翠时，一般会戴一枚戒指。这枚戒指的戒指面不一定很大，但色和种一定要非常好，这是因为在不同的光线背景下，翡翠的颜色和种分是完全不同的。这枚戒指可以作为翡翠的比对石，用来比对颜色、种分以作参考。

（3）合适的陪衬

评鉴一件翡翠时，它周围的翡翠也会影响到我们对其品质的评估判断。经常有这样一些翡翠收藏者，买翡翠时觉得特别好，买回去后却觉得不理想，很快就不喜欢了。

这是因为买这件翡翠时，其他陪衬的翡翠要比这件东西差很多，要么是种分差、颜色偏，要么是形状不完美。这时这件东西就会"鹤立鸡群"，显得特别突出。收藏者此时就很容易被吸引，也容易高估它的价值。

因此，在选购时一定要注意其陪衬品，商家应至少还有几件跟你所选择的差不多的翡翠，如果有比你选择的更好的翡翠，选择时就会更理智。

买家在被一件翡翠打动时，不要"志在必得"，而要"戒之再得"。有很多收藏者在选中一件心仪的翡翠时，常常很兴奋。但在这种心态下购买的翡翠很难经得起时间的考验，往往一段时间后就不喜欢了。

△ **翡翠鲤鱼把件**

82毫米×45毫米×31毫米

2 | 用15倍放大镜观察

在室内用放大15倍的放大镜观察，观察瑕疵、裂咎，再观察其色正否，鲜艳否，水头到底有多长，近看之，再远观之，然后再到室外观察，看其颜色是否一致，是否有偏差。

3 | 查尔斯滤色镜

在翡翠的鉴别工具中有种"照妖镜"，它的正式名称应为"查尔斯（CHELSEA）滤色镜"，日本人称之为"祖母绿镜"，因为本来是用来鉴别"祖母绿"的，所以英国货的镜套上注明是"EMERALDFILTERCGL"，意思是指"祖母绿滤色镜"。

这种"照妖镜"是鉴定翡翠是否染色的主要工具，它是一片特制的灰绿色玻璃，会吸收黄绿色光，透射深红色光和少量深绿色的光。用此镜照看"祖母绿"这种宝石时，镜片会吸收黄绿色的光，只允许红光透过（也有例外的）。因石本身含有天然的铬元素（CHROMIUM），因此会泛出红光。

◁ **冰种起莹金枝玉叶**

32毫米×22毫米，
重5.6克

　　染色的次生翠玉（C货），因为是用人工方法逼进铬的成分或铬的染色粒；因此透过滤色镜便会像"祖母绿"那样变成红色、粉红色或紫色等色层来（所显示的色层由不同牌子的滤色镜而定，应先看清楚说明书）。真正原色而并非人工染色的翠玉，则因为没有逼进铬元素，本身是钠和铝的矽酸盐，含铁元素，所以呈灰、绿、白等色素，用查尔斯滤色镜照出来后仍现灰绿；本来是浓阳的翠玉则显得更灰，因为真正翠玉透射的大部分是绿光，红光很少或基本没有。但是用这个方法"照妖"仍非绝对正确，因为更现代化的染色C货，连"照妖镜"也照不出来。

　　或许有人会问："会不会用'祖母绿'来冒充翠玉呢?""祖母绿"是极高档宝石，许多比翠玉还贵重，而且通透，色调不同，因此应该不会拿来冒充翠玉。奸商多以石英岩加工染色。

△ **冰种翡翠观音挂牌**
长48毫米

四
翡翠购买的途径

1 | 从拍卖公司购买

国内外的众多拍卖公司每年都会举行拍卖会，例如，国际著名的拍卖公司——苏富比和佳士得，每年春秋两季都要举行珠宝拍卖会，翡翠往往都是拍卖会上的主角，并不时创出拍卖价的新高。很多翡翠收藏爱好者都会到拍卖公司购买心仪的翡翠。

△ 福豆吊坠

37毫米×13毫米

△ 天然冰种翡翠雕观音摆件

△ 冰种紫罗兰翡翠如意佩

30毫米×48毫米

△ 紫罗兰弥勒佛

46毫米×14毫米×42毫米

△ 冰种翡翠满绿塔链

△ 黄翡弥勒佛

46毫米×10毫米×40毫米

△ 冰种黄翡龙头佩饰

40毫米×69毫米

△ 冰种翡翠龙纹挂牌

长50毫米

2 | 从文物商店购买

文物商店一般都有一个固定的经营场所，这些商店多是几十上百家集中在一地，形成交易市场。这种市场的特点可以归纳为两点：即交易成本高，道德风险大。

相对而言，文物商店中的赝品数量要少一些，但利润惊人。翡翠收藏初学者不妨到文物商店进行购买。

3 | 从商场专卖店购买

商场专卖店由于开设在商场中，各方面的运营成本较高，故商品的售价通常较高。不过，相对而言，翡翠的质量比较有保证，鉴定水平不高的购买者可到商场专卖店购买翡翠。

△ 玻璃种带紫翡翠观音挂坠

73.5毫米×49毫米×9.5毫米

△ 满色翡翠镶钻项坠

56毫米×26毫米×11毫米

△ 满色翡翠镶钻项坠

30.5毫米×16毫米×6毫米

△ 紫罗兰手镯

直径58毫米

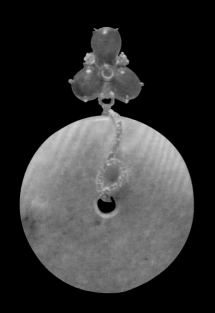

△ **紫罗兰色翡翠钻石项坠**
30毫米×6毫米

4 | 从典当行购买

　　民品典当，又被称为民品质押贷款，是典当行业内针对中小企业以及个人开展的快速融资业务，是一种经过鉴定评估师的专业评估。将物品进行质押登记后，就可以迅速获得贷款的质押贷款方式，其显著特征是融资速度快。这和翡翠作品或翡翠原料变现周期相对较长的特性形成了互补，很多急需用钱的人有可能会到典当行典当手中收藏的翡翠。

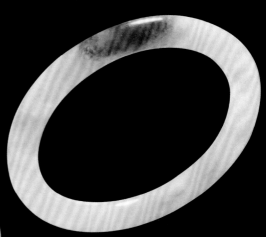

△ **翡翠手镯**
65毫米×9.5毫米×9.5毫米

▽ **翡翠手镯**
55毫米×13毫米×6.5毫米

△ **翡翠佛挂件**

高55毫米

5 | 从圈子内购买

　　一直以来，高端翡翠的流通是比较私密的"圈子营销"，朋友之间以及与商家之间的信任关系极为重要。这部分市场始终保持着一定的热度，甚至从数额上看，远远超过外界的想象。如能进入此圈子，就能容易买到合适的翡翠。

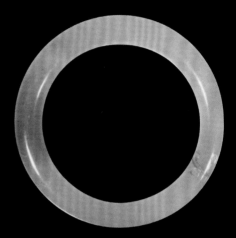

△ **翡翠描金手镯**

直径55毫米

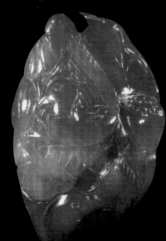

△ **满绿鸳鸯挂件**

长37毫米，带原绳重13.9克

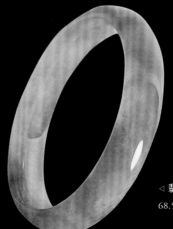

◁ **翡翠手镯**

68.5毫米×12.3毫米×71.8毫米

△ 福禄寿三彩翡翠花卉摆件

11毫米×5毫米×7毫米

△ **三彩翡翠手镯**

直径71.1毫米

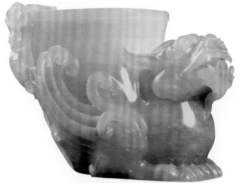

△ **双色冰种辟邪双兽匝**

6 ┃ 从网络渠道购买

　　近年来，随着网络的发展，越来越多的人通过网上进行交易。就翡翠而言，各大翡翠公司、拍卖公司、玉商等纷纷推出网上抢购活动，淘宝、微信、公司官网等线上销售成为了翡翠抢占市场的一个新主力渠道。不过，需要注意的是，由于从网上无法看到真实的物品，购买风险较大。

△ **冰种翡翠如意挂件**

长45毫米

五
各类翡翠的选购要领

1 | 手镯的选购

宽厚的手镯显得大气，细圆的手镯显得秀气。

穿休闲服、牛仔裤配紫色、花色、藕白色的手镯显得时尚、自然。

穿正装、时装配无色或单色的手镯显得有气质。

夏天戴花色手镯或手链显得年轻，女孩显得有灵气。

中年男士和女士宜戴宽厚的花色手镯，能将财气、祥气、福气汇聚一身。

手镯冬选松、夏选紧。

△ **翡翠手镯（一对）**

直径58毫米

△ **翡翠手镯**

直径72毫米

△ **翡翠手镯**

直径55毫米

△ **翡翠手镯**

直径56毫米

2 | 手链的选购

　　要选水头好的翡翠手链，这种手链可使女性看起来更有朝气，更年轻。

　　年轻人最好挑选透明度好，色调娇艳的翡翠手链，这样看起来更有活力；而老年人则更适宜佩戴颜色深的手链。

　　翡翠手链有大小之分，选择手链时要根据自己的身高体型来考虑。

△ 天然翡翠配钻石项链、戒指及耳环套装

3 | 项链的选购

项链上翡翠的大小应和身材、衣领相配。

项链的长短应根据领口的高低进行调整。

穿时装、晚装时佩戴翡翠项链能体现高贵气质。

秋冬将把翡翠项链佩戴在毛衣外，显得有活力、有朝气。

男士季节西服上，女士的西服、晚装上佩戴胸针，能彰显高雅、尊贵的品位。

项链的长短还要遵循"静长动短"的原则，安静的场合可佩戴长项链，比较活跃的场合可佩戴项链。

△ **翡翠珠链25粒**

最大18.74毫米，最小16.85毫米

△ **天然翡翠珠项链**

直径14.63毫米，项链长约231毫米，
总重为135.58克

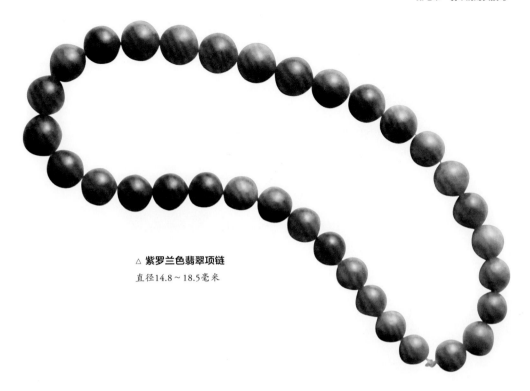

△ **紫罗兰色翡翠项链**

直径14.8～18.5毫米

4 | 戒指的选购

年轻的男士、女孩戴细圆的翡翠戒指，随缘、清新。

年轻的男士戴镶长方形戒面的K金戒指，果断、有成就感。

年轻的女士戴镶紫色、红色或绿色小粒翡翠的K金戒指，更能展现肌肤的柔美。

中年男士和女士所戴镶蛋形戒石的K金戒指，显得雍容华贵，福禄双全。

△ **铜托翡翠戒指**

戒面9.5毫米×8毫米，总重2.6克

△ **铜托翡翠戒指**

戒面12.5毫米×7毫米，总重3.7克

△ **天然翡翠镶钻戒**

径15毫米

△ **天然翡翠戒指**

△ **天然翡翠镶钻白金戒**

△ **老坑满绿镶钻挂件（侧面）**

△ **老坑满绿镶钻挂件（正面）**

5 | 耳坠的选购

方脸、圆脸的女孩适合戴耳环。

椭圆脸、蛋形脸的女孩适合戴耳坠。

时尚的男士只戴一边耳环会有特酷的感觉。

耳环、耳坠的翡翠颜色应和衣服颜色相配。

△ 18K黄金镶翡翠扇面耳坠（一对）

吊坠高52毫米

△ 满绿翡翠大坠

吊坠高63毫米

该翡翠大坠通体满绿，色彩鲜阳通灵，造型修长秀美，配镶黄金钻石，彰显尊贵气质。

△ 翡翠钻石耳坠

9毫米×7毫米×2毫米

◁ 双色天然翡翠配钻石耳坠（一对）

第八章

翡翠的保养常识和技巧

一
翡翠保养常识

普通收藏者手上的翡翠还要注意清洁，因为翡翠的保养是很重要的。

翡翠如何保养才能光洁如新？应从以下几个方面着手。

1 | 养在深闺人不识——翡翠应经常佩戴

翡翠越戴越美，经常佩戴翡翠就是对翡翠最好的保养，常佩戴翡翠可以"人养玉"。一块玉石戴的时间长了，由于长期处在主人身温中，玉石中的绿丝可以由细变粗，由短变长，有的玉石底色也会发生一些微妙变化，好像在戴玉人身上真的出现了第二条"生命"。

商家常在介绍少绿的翡翠时说翡翠上的绿会越长越大，一些收藏者也认为是这样。其实翡翠首饰上的绿一般来说不是"活"的，也不会因戴的时间越长，绿就会越长越大，但在特殊情况下，绿会稍微扩大。

翡翠也叫硬玉，是宝石玉的名称，其矿物学名称叫钠辉石。在有关人工翡翠的研究中，证实纯的钠辉石是无色的，只有加入铬的化学试剂后才能出现绿色。

△ 粉紫色翡翠佛吊坠

◁ 蛋面形翡翠配钻石吊坠、戒指套装

翡翠蛋面约10.08毫米×8.60毫米×4.31毫米

所以，天然的翡翠带不带绿色，就看翡翠形成时内部有没有"混入"铬，混入的铬越多，翡翠就越绿。

但对于用从矿山或河溪中获得的翡翠加工成的戒指面或其他首饰来说，其内部含铬的多少已经固定了，所以翡翠上的绿不可能是"活"的。

但是翡翠中的铬在某些情况下，可以发生化学反应，从而使铬有少量的扩散，这就是人们觉得绿"长大"的原因。会"长绿"的主要有翡翠项链、翡翠手镯和翡翠项牌等与皮肤紧密接触的翡翠。

△ **翡翠花件挂坠**

72毫米×38毫米×28毫米

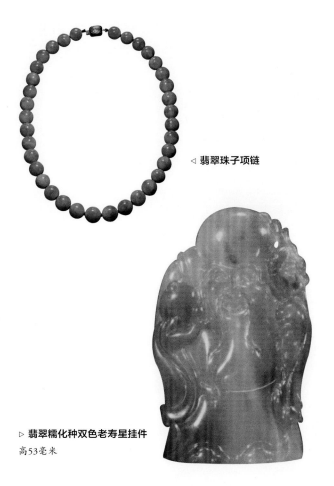

◁ **翡翠珠子项链**

▷ **翡翠糯化种双色老寿星挂件**

高53毫米

△ **玻璃种翡翠福豆项坠**

49毫米×17毫米×13毫米

原因是人体有一定的温度，还容易出汗，汗水中有酸或碱性成分，这些成分可以通过翡翠的细微裂隙中渗入内部，其中某些成分可能会与产生绿色的铬离子产生化学反应，或者把已经固结在翡翠中的铬离子溶解从而发生迁移，于是就显得绿色长大了。

其实，翡翠中产生绿色的铬的含量没有任何变化，只是微量的铬发生了扩散或迁移。

△ 冰种红翡淡黄翡自在观音佩

35毫米×62毫米

◁ 翡翠"生生不息"摆件

长12毫米

△ 糯米种翡翠挂件

△ 冰种翠手镯

直径56毫米

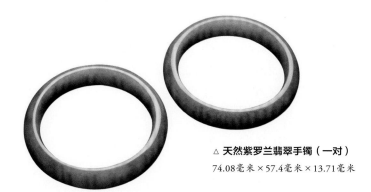

△ **天然紫罗兰翡翠手镯（一对）**

74.08毫米×57.4毫米×13.71毫米

常常佩戴翡翠会补充翠的失水，使其润泽，水头得到改善，一些"棉""絮"就会消退变透。

注意应是干净的皮肤佩戴，尽量别弄脏和接触汗液，因为汗液具有酸性，长期来说，对种水不够好的翡翠还是有影响的。翡翠的变化是非常缓慢的，人的视觉很不容易发现这种变化而难以察觉。

△ **紫罗兰翡翠手镯**

佩戴翡翠挂件，要注意检查红绳、项链是否结实，一旦坏了要及时更换。

佩戴翡翠在清代就流传着一种说法，即"戴活"。"戴活"是说一个人戴上一块自己非常喜欢的玉件，终年累月不离其身，这块玉石就会产生"灵气"，可以和主人同呼吸共命运，因为人已经把这块玉石给"戴活"了。在一些戴玉人的身上也确实出现过不少类似的独特现象。

△ **紫罗兰种翡翠手串**

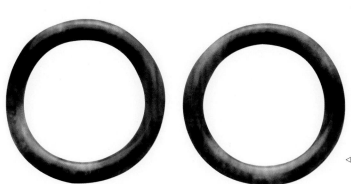

◁ **紫青翡翠手镯（一对）　清晚期**

2 | 保持翡翠首饰的清洁

翡翠表面的清洁很重要，佩戴后残留的各种痕迹可能留有酸性或碱性物质，可能会污染翡翠的表层。

每次佩戴后，都要用清洁、柔软的白布抹拭，不宜用染色布。日常保养，只需用清水清洗，去掉尘垢，再用干净柔软的布擦干即可。

用清水和温水清洗保养的方法是，先将它浸在水中约30分钟，然后用小刷子轻轻擦洗翡翠镶嵌饰物，最后，用柔纸将水分吸干。也可以用软刷浸水刷去留在上面的污秽。

或者用温肥皂水快速清洗，除去表面灰尘、油污，然后用棉花蘸酒精轻轻擦拭，最后置于通风处晾干，而不要在阳光下曝晒。

一般来讲，最好半个月左右清洗一次。可以用超声波清洗，但有大缝隙的翡翠最好避免用超声波，特别脏的翡翠首饰，超声波清洗是没有效果的。

注意，切勿直接在水龙头上冲洗。另外，镶有碎钻或宝石陪衬的翡翠玉件，只宜用干净的白布揩擦。

洗净后一定要吹干首饰，或用软纸吸干首饰上的水。

3 | 当心油污侵蚀

注重翡翠保养的人都懂得忌讳油，以使其历久弥新。

翡翠首饰是高雅圣洁的象征，若长期接触油污，油污则易沾在表面，影响光彩。有时污浊的油垢沿翡翠首饰的裂纹充填其中，很不雅观。

因此，在佩戴翡翠首饰时，要保持翡翠首饰的清洁，要经常在中性洗涤剂中用软布清洗，抹干后再用绸布擦亮。

4 | 勿置于骄阳下和滚水中

任何高热与高温，都会使物体产生热胀，翡翠也是如此。

切记不可将翡翠置于阳光下暴晒，因为强烈的阳光会使翡翠分子体积增大，从而使玉质产生变态，并影响到玉的质地。

同样的原因，翡翠也不宜受到蒸气的冲击，更忌滚水。

所以要切忌高温暴晒，以免翡翠饰品失水失泽，干裂失色。

5 | 避免接触化学剂

翡翠首饰不能与酸、碱及有机溶剂接触。这些化学试剂会对翡翠首饰表面产生腐蚀作用。

随着社会生活的发展，日常生活中使用的化学物品越来越多，这些化学剂会给翡翠带来一定的损伤。

例如各种洗洁剂、肥皂、杀虫剂、化妆品、香水、美发剂等，若不小心沾上，应及时抹除，以免对翡翠产生损伤。

翡翠首饰在雕琢之后，往往都上有蜡以增加其美艳程度。所以翡翠首饰不能与酸、碱和有机溶剂接触。

即使是未上蜡的翡翠首饰，由于是多种矿物的集合体，也切忌与酸、碱长期接触。

6 | 小心磕碰和损伤

翡翠具有很强的韧性，但不意味着不怕摔打。在佩戴翡翠首饰时，尽量避免其从高处坠落或撞击硬物，尤其是有少量裂纹的翡翠首饰，否则很容易破裂或损伤。

因为莫氏硬度很高，同时也带来脆性度较大的弱点。所以翡翠很娇嫩，碰不起，一经碰撞，表层内的分子结构就会遭到破坏，有时会产生暗裂纹，虽然肉眼不易察觉，但在放大镜下就会原形毕露，它的完美性与价值就将大大受损。

有些用翡翠制作的首饰也容易在跌落碰撞时产生裂纹或断裂，比如圈口略小的翡翠手镯，就可能因为穿戴不便而不慎滑落地上，导致碰裂或跌断；还有一些款式的翡翠首饰，主体过薄，也很容易碰裂、撞碎。

翡翠受到碰撞和摩擦后，可能会失去光泽甚至破损。

所以，首饰应该单件存放，避免受到碰撞、摩擦。

收藏翡翠时，应珍藏在质地柔软的饰品盒内，两件以上的，要分别用绒布之类的柔质物包裹好以防万一。

7 | 避免与其他宝石直接接触

　　佩戴和收藏翡翠饰品时，要避免与其他宝石、钻石类首饰直接接触，以免产生损伤。对于镶嵌类翡翠饰品，最好定期到珠宝店清洗和检查，防止金属爪托松弛，导致翡翠脱落。收藏时，用纯净的温水洗净后，再用软布单独包裹存放。

△ **翡翠紫罗兰色如意狮吼观音坐像　清代**

高185毫米

　　此观音坐像将佛教文化与民间世俗的工艺技术完美结合，用整块上等紫罗兰翠料圆雕而成，通体翠色莹润，水头好，透闪玻璃光泽，层次丰富。菩萨头顶螺发，眉似弯月，双目下视，鼻梁尖挺，唇角含笑，面容祥和，刻画细腻传神。

8 | 夏天易出汗，翡翠怎么养

盛夏时节流汗量最多，汗液中所含的盐分与挥发性脂肪酸、尿素等物质，会慢慢地侵蚀翡翠的外表，从而使翡翠的"亮度"与"光泽"遭到破坏。因此夏季里最好不要将翡翠拿在手中把玩，而那些佩戴在身上与肌肤贴近的饰件，如手镯、挂件等，要经常在中性洗涤液，如中性的洗面奶、沐浴露中清洗。个别雕工麻烦的，可以用毛笔轻刷，放在阴凉处风干就可以了。

△ **翡翠手镯**
直径56.5毫米

△ **翡翠满绿手镯**

△ **老坑玻璃种翡翠观音**

二
各类翡翠饰品的保养技巧

1 | 翡翠手镯的养护技巧

佩戴翡翠手镯时，日常活动要注意避免其与硬物碰撞，否则极易受损或破裂。

翡翠手镯惧高温，因此，去日照强烈的沙滩等处游玩时尽量不要佩戴翡翠手镯，以避免过强的阳光对其直接照射；喜欢蒸桑拿的朋友，在进入桑拿房之前也要将翡翠手镯取下，以免翡翠手镯长期处于高温湿热的环境下；烹饪时也应尽量避免使翡翠与明火或高温接触，最好是在烹饪时取下翡翠手镯。

对于长期不佩戴的翡翠手镯，每年可将其放在清水中保养一次，擦干水之后，再涂点适量植物油进行保养，以更好滋养翡翠温润的灵性。

▷ **翡翠珠子项链**

珠子直径6.80～10.50毫米，珠链总长度大约为580毫米

高翠单串翡翠珠子项链，珠子共59颗，所有珠子均为满绿，颜色浓艳、匀称，质地圆润细腻，透明度较好，有玻璃光泽，配白18K金镶圆形钻石链扣。

2 ｜ 翡翠挂件的养护技巧

　　翡翠玉深受东方一些国家和地区人们的喜爱，因而被国际珠宝界称为"东方之宝"，翡翠玉佛挂件就是一种比较昂贵的挂饰首饰。翡翠玉佛挂件也是现在想买玉佛的人的首选。那么，如此珍贵的翡翠佛应该怎么保养？

　　翡翠玉的质地较普通玉更为细腻，和普通玉一样，具有较强的硬度，一般的东西是很难划伤它的，不过这个不代表它很结实，玉怕碰撞，怕掉地上、怕摔打。玉怕油污，要是不小心弄进玉中就难去掉了，要有灰尘弄脏了，最好是用清水冲洗，不可用酸、碱性的洗洁剂泡洗，会伤了玉的表面。脏了也可以用无色的柔软绒毛布擦去，或者是软羊皮也是可以的。在日常生活中也应该注意，它也怕高温，不要用火烧它。要经常佩带，不要被风化，保持它不干燥，保持它的水分平衡，这样玉的柔润娇美的丽质玉色才永远保持不变。

◁ **阳绿翡翠原料**
74毫米×39毫米×39毫米

△ **翡翠手镯　清代**
直径57毫米

△ **翡翠手镯（一对）**

直径分别为59.10毫米和58.90毫米

△ **翡翠淡绿色观音**

28毫米×8毫米×57毫米

　　此观音为老种冰地淡绿色翡翠，色彩淡雅，色泽均匀，观音法相端庄慈祥，端坐于莲花宝座上。雕刻线条流畅清晰，色、工、形三者完美结合。

◁ **翡翠珠子项链**

珠子直径11.00～13.60毫米，珠链长760毫米

　　单串精品翡翠珠链，由56颗珠子组成，珠子翠色阳俏，质地圆润细腻，带玻璃光泽，配黄18K金镶嵌3粒圆形钻石链扣，每颗钻石约重1克拉。

相同，所以有些抛光工艺差的翡翠玉，经过长时间的摆放会出现"亚光"或不够亮，所以对于摆放的翡翠要经常清除灰尘,可以用柔软的布去擦拭和用柔软的毛刷轻轻刷掉上面的灰尘,也可以用柔软的羊皮经常擦拭。按上述的方法一般都能达到养玉的良好效果。

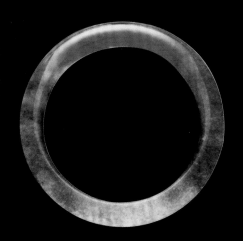

△ **翡翠手镯**

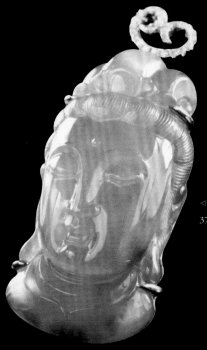

◁ **冰种翡翠观音像**
37毫米×21毫米×8毫米

△ **翡翠手镯**
直径60毫米
　　此手镯造型优美漂亮，翡翠雕琢而成，做工精美细致，翠色自然，艳丽大方。

◁ **翡翠三色手镯**
直径75毫米

△ **翡翠手镯（一对）　清代**
直径75毫米

◁ **满绿翡翠手镯**

直径52毫米

　　该翡翠手镯种老质润，翠色浓正，色泽均润，通体满绿，条杆秀美，是一件极具收藏价值的翡翠艺术精品。

△ **黄翡手镯**

直径53毫米

△ **翡翠手镯**

直径58毫米

△ **翡翠满色荷叶坠**

高50毫米

3 | 翡翠戒指的养护

首先要保持翡翠戒指的完整度，不能磨损或使之破损。因此，在佩戴翡翠戒指时一定要小心，不能用它撞击硬物。

俗话说美玉养人，因此，如果购买了翡翠戒指，就一定要经常佩戴，这样不仅能够展示自身的气质与魅力，同时也是对美玉极好的保养。

翡翠戒指，特别是镶嵌式的戒指，由于其周围还镶嵌着钻石等物品，清洁起来比较麻烦，因此，在日常的保养中，千万不能让翡翠戒指沾染上油污、酸碱等或者化学试剂。

△ **翡翠阳绿马鞍戒**

▷ **翡翠雕观音挂牌**

长55毫米

◁ **翡翠弥勒挂件**

长45毫米

在保存和佩戴翡翠戒指时，要注意将其与钻石、红蓝宝石分开摆放，免碰撞之后出现裂纹，从而导致翡翠失去原有的色彩和价值。

化妆时，不宜带着翡翠戒指。油脂类化妆品会影响宝石的光泽。另外，喷发胶或香水容易侵蚀翡翠戒指。

4 | 翡翠耳环的养护

翡翠耳环的款式繁多，而且还有许多是镶钻嵌玉的。此外，翡翠耳环的结构多样，有螺丝式或弹簧式结构，还有插针式或套穿式结构，都极易损坏，常见的情况有螺丝夹滑牙、荡饰容易断落、插针顶扣易遗失等。因此，在日常佩戴时，对这些容易损坏的地方应加以注意。

同时，还要注意翡翠耳环的吊饰是否有虚焊，插头底处是否牢固。另外，还应检查一下耳环小机关是否良好，如螺丝扎是否过松，插扣是否有弹性等。一旦发现问题，就要及时进行处理，以免导致翡翠耳环的损坏。

△ **翡翠观音**
65毫米×35毫米×11毫米

△ **翡翠龙纹挂件**
长45毫米

△ **翡翠观音挂件**
高70毫米

△ **翡翠观音挂件**

高62毫米

　　此挂件精致漂亮，观音形象端正，翡翠翠
质优良，翠色自然，制作精细，十分难得。

△ 翡翠满色马鞍戒

△ 天然翡翠戒指

△ 福禄寿三彩瑞兽挂牌

◁ 翡翠镶钻戒指

5 | 翡翠项链的养护

翡翠项链能展现人的高贵典雅气质，凸显自我个性。佩戴翡翠项链时需要正确的方式佩戴翡翠项链，使用正确的方法保养翡翠项链。否则翡翠项链会在佩戴一段时间后变得黯然失色、面目全非。

（1）不要与其他宝石类及硬物接触

翡翠项链虽有一定的硬度，但过多地与其他宝石接触会导致翡翠或金属表面受到划伤，使翡翠项链失去光泽。生活或工作环境中的大理石、砖块、沙石硬度也比较高，翡翠项链与这些物质接触也会损伤翡翠项链。

△ **翡翠珠子项链**

（6.0～10.0）毫米×735毫米

△ **翡翠项链**

575.8毫米×94毫米

△ **翡翠珠子项链**

（10～12.8）毫米×545毫米

△ **翡翠项链戒指耳环（一套）**

（2）定期清洗

无论是裸石串珠翡翠项链还是镶嵌翡翠项链，在佩戴、使用一段时间后都会沾上各种污质，比如油脂、灰尘等杂质，这些污质会粘在裸石串珠翡翠项链的串连绳线、串珠的空洞里，以及镶嵌翡翠项链的小颗粒副石的缝隙、金属连接的微小缝隙或者是翡翠戒面的底部，使得串连绳线、小颗粒副石的缝隙、金属连接的微小缝隙变脏、变乌，导致整个翡翠项链暗淡变色，失去原有的璀璨光泽。因此，佩戴于身的翡翠项链应该经常清洗。日常清洗时只需要用清水清洗，去掉尘垢，再用干净柔软的布擦干即可，如果翡翠项链比较脏，且架构比较复杂、不易清洗时，建议到专业的镶嵌工作室或工厂经行专业的清洗，以免损坏翡翠项链。

（3）远离各类化学物质

翡翠项链的翡翠虽有很稳定的物理化学性质，但在酸、碱的长期作用下，翡翠的表面也会因为腐蚀而光泽暗淡。用于串连裸石串珠的绳线多为高分子化学物质，在有机溶剂的作用下，绳线会溶解、断开。镶嵌翡翠项链为了提高金属的硬度，一般使用的是金属混合物，这些金属混合物在化学物质的作用下也会被腐蚀，从而造成表面起色斑，甚至断裂。

△ **翡翠珠钻石项链**
长530毫米

△ **翡翠珠链**

（4）注意存放

在佩戴或摘取翡翠项链时应该使用巧力，切不可使用蛮力，以免弄坏项链。在进行剧烈运动或睡觉时应该取下翡翠项链，放置于专用的翡翠项链盒里，或放置于平整、安全、不易滑落或不易被重物压到的地方。特别是对于镶嵌翡翠项链而言，因为各个零件由小金属零件组合而成，零件间的间隙非常小，部分镶嵌翡翠项链由金属焊接成固定的造型而成，不恰当地放置会导致金属零件断裂、造型走样，或者主石、副石脱落，甚至整体断裂。如果镶嵌翡翠项链折叠放置，硬度为10的钻石或硬度为9的红、蓝宝副石会刮花翡翠。

（5）定期检查

翡翠项链有多个零件或单元组成，在佩戴或使用过程中各个零件或单元会产生一定的摩擦，有可能存在零件脱落或串连的绳线断开的隐患，为了防患于未然，最好定期检查翡翠项链的各个零件或串连的绳线，免得翡翠项链因断开而丢失。镶嵌翡翠项链由于是由多个翡翠戒面和小颗粒副石镶嵌而成，佩戴过程也有可能导致镶嵌的金属爪及挂钩松动，甚至是翡翠戒面和小颗粒副石脱落，因此应该定期检查，仔细观察是否有主石或副石的脱落或是否存在安全隐患。如果存在各类安全隐患，应该及时进行修补或更换。

6 | 翡翠摆件的养护

摆放翡翠摆件时，应当避免将其放置在经常被阳光照射的地方，否则，翡翠摆件内部的玉石分子就会变大，时间一长玉的质地细腻程度就会受到影响。如果条件允许，应保持室内的湿度适宜，这样一来，翡翠摆件就能吸收空气中的水分，保持水润光泽。

同时，还要注意不要将翡翠摆件放在桌子的边缘，应尽量往桌子中间放，否则容易被打碎。此外，桌子上要减少其他硬物的摆放，不要让摆件与硬物碰撞，以免造成损伤。

此外，翡翠摆件容易受到空气中灰尘的影响，时间长了，翡翠摆件上就会出现"亚光"，看起来不如刚购买时光鲜亮丽，因此，平时要经常擦拭翡翠摆件，最好用柔软的羊皮擦拭，若无羊皮，也可以用棉布擦拭或用细毛刷刷拭摆件上的灰尘，使摆件保持干净。

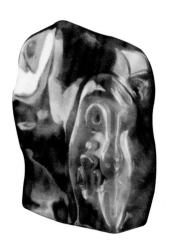

△ **黄翡禅字如意摆件**

66毫米×48毫米×30毫米

◁ **翡翠五福临门菊瓣印盒摆件**

53毫米×53毫米×24毫米

△ **翡翠摆件**

△ **翡翠灵光圣境摆件**
高170毫米